三维 CAD 习题集

何煜琛　习宗德　主　编

陈　胜　王敬艳　高士敏　方显明　编著

清华大学出版社

北　京

内 容 简 介

本习题集由北京菁华锐航科技有限公司组织院校教师和企业专家编写，内容包括草图、零件建模、曲线与曲面、钣金与焊接、设计控制、装配等方面。案例精选自院校教学和企业工程实践，覆盖诸多行业，充分体现三维 CAD 软件的功能特点。

本习题集的考试和认证章节，详细介绍了三维 CAD 软件原厂认证联考和 CAD/CAM 职业技能考试的相关情况，帮助读者把握考试的特点和报考方式。本习题集还介绍了 SolidWorks 学生创新设计竞赛，集中展示优秀作品和企业工程案例。

本习题集适用于各类三维 CAD 软件（如 SolidWorks、Pro/E、UG NX、CAXA、Inventor 等）的教学和培训，也可作为机械、机电类成人教育、自学考试、中职教育的教材。

图书在版编目（CIP）数据

三维 CAD 习题集/何煜琛，习宗德主编. —北京：清华大学出版社，2010.1（2024.8 重印）

ISBN 978-7-302-21608-7

I. 三… II. ①何… ②习… III. 计算机辅助设计–高等学校–习题 IV. TP391.72-44

中国版本图书馆 CIP 数据核字（2009）第 228184 号

责任编辑：许存权 赵慧明 封面设计：刘 超 版式设计：王世月 责任校对：王 云 责任印制：杨 艳

出版发行：清华大学出版社

网　　　址：https://www.tup.com.cn，https://www.wqxuetang.com

地　　　址：北京清华大学学研大厦A座　　　　邮　　编：100084

社 总 机：010-83470000　　　　邮　　购：010-62786544

投稿与读者服务：010-62776969，c-service@tup.tsinghua.edu.cn

质 量 反 馈：010-62772015，zhiliang@tup.tsinghua.edu.cn

印 装 者：北京博海升彩色印刷有限公司

经　　销：全国新华书店　　开　本：260mm×185mm　　印　张：8.25　　字　数：189 千字

版　　次：2010 年 1 月第 1 版　　印　次：2024 年 8 月第 25 次印刷

定　　价：32.00 元

产品编号：034672-02

三维CAD习题集

编委会名单

三维CAD习题集

三维CAD习题集

前　言

　　本习题集由北京菁华锐航科技有限公司组编，自2007年9月至今，共经历过三次较大的改版，已有超过600所院校将习题集用于教学，影响十分广泛。近年来，习题集中的案例被广泛转载到各个论坛，并在新编教程中广泛引用。应广大学校教师的要求，本习题集在2009年底正式交付清华大学出版社出版，以便更好地服务于院校教学工作。

　　本习题集从内容结构上包括草图、零件设计、设计意图、装配、钣金、焊接等模块，覆盖了机械结构建模的主要工作要点，是通用的学习参考书，适合各类三维CAD软件的教学。另外，本习题集虽然命名为《三维CAD习题集》，但部分案例都采用了标准工程图展示，因此也适合AutoCAD、CAXA电子图板等二维CAD软件的教学应用。另外，习题集中专门配有优秀作品展示模块，展示国内优秀工程师的设计作品。

　　本习题集吸纳了当今CAD教学和社会培训中的经典案例，并融入了多名资深教师和企业技术人员的特别贡献，作为各校开展CSWA和CAD/CAM职业技能考试的参考书，在各级师资培训中被广泛采用。感谢广大热心教师对习题集案例提供的宝贵意见，指导我们修订了很多错误。但由于时间和学识的限制，本书仍存在不足和欠缺之处，望各校在教学应用中积极予以指正。

　　在组编过程中，我们得到了很多院校教师和企业技术人员的无私帮助，因此本习题集是集体智慧的结晶。我们希望公开出版发行后，广大读者能从自己的工作经历中挑选并贡献独特新奇的案例，帮助我们不断改进。有意参与习题集改版的同仁，请将相关案例发送到jhrh@vip.163.com。

　　本书配有部分习题操作视频、模型文件、优秀学生作品展示等资源，读者刮开图书封底的二维码涂层，即可获得清华文泉云盘对应课程的学习权限，移动端、PC端随时随地查看。除此以外，读者可登录布丁云书（www.catics.org，图书小组编号3031）获得更多的教学服务支持。

编　者

三维CAD习题集

目　录

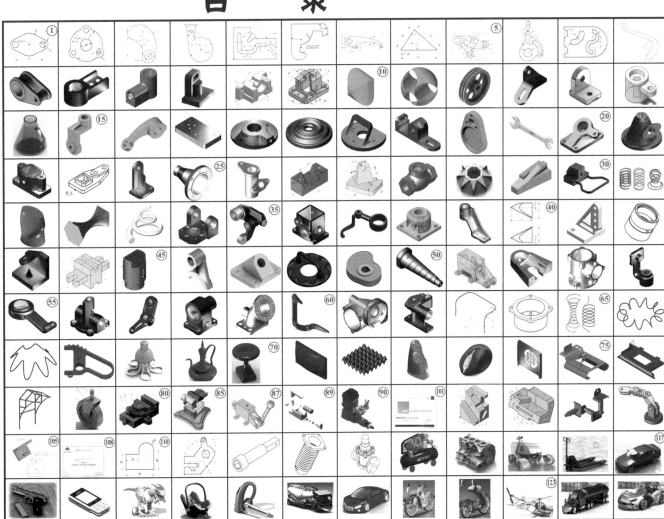

草图

零件与工程图

设计控制

复杂零件

曲线与曲面

钣金与焊接

装配套图

考试和认证

竞赛与作品

单元测架颜色表

草
图

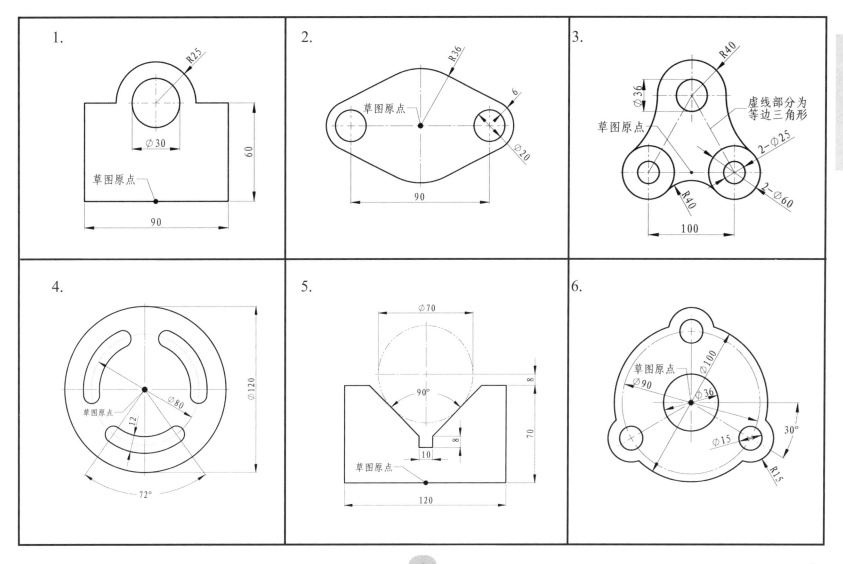

1. R25 Ø30 草图原点 90 60

2. R36 草图原点 6 Ø20 90

3. R40 Ø36 草图原点 虚线部分为等边三角形 2-Ø25 2-Ø60 R40 100

4. Ø120 草图原点 Ø80 12 72°

5. Ø70 90° 8 70 8 10 草图原点 120

6. 草图原点 Ø100 Ø90 Ø36 Ø15 30° R15

草图

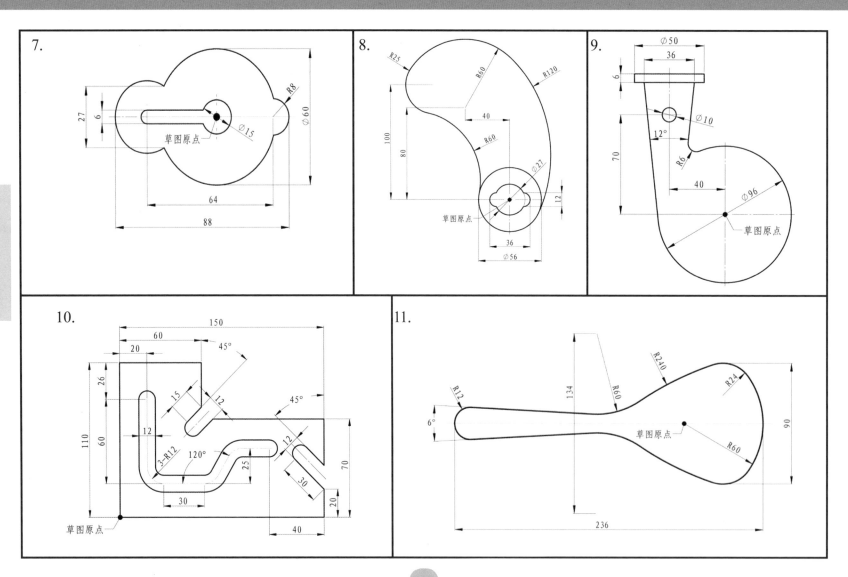

7.

R8
Ø60
27
6
草图原点
Ø15
64
88

8.

R25
R60
R120
40
100
80
R60
Ø27
12
草图原点
36
Ø56

9.

Ø50
36
6
Ø10
12°
R6
70
40
Ø96
草图原点

10.

150
60
20
45°
26
15
12
45°
110
60
12
12
3-R12
120°
25
30
70
30
20
40
草图原点

11.

R240
R60
R24
134
R12
6°
草图原点
R60
90
236

三维CAD习题集

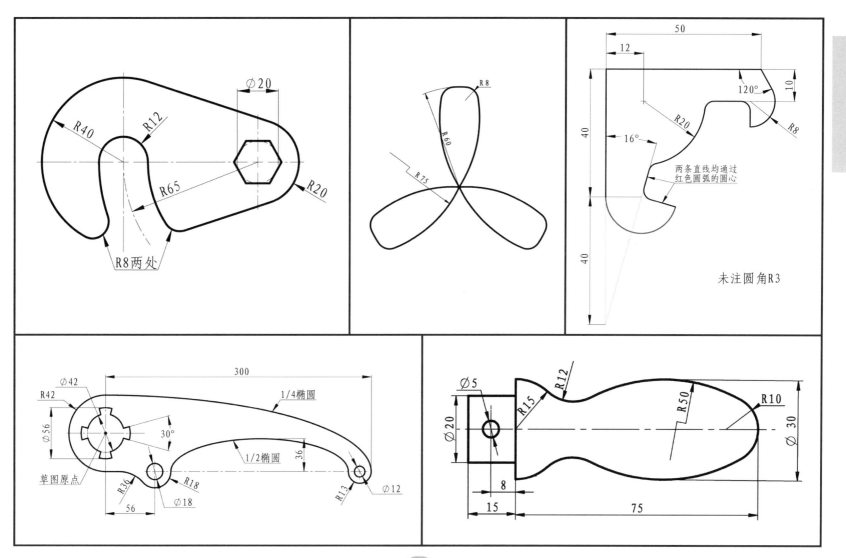

草图

Ø20
R40
R12
R65
R20
R8两处

R8
R60
R75

50
12
120°
10
40
R20
16°
R8
40
两条直线均通过
红色圆弧的圆心
未注圆角R3

300
Ø42
R42
1/4椭圆
Ø56
30°
1/2椭圆
36
草图原点
R36
R18
56
Ø18
R13
Ø12

Ø5
R12
R15
R50
R10
Ø20
Ø30
8
15
75

草图

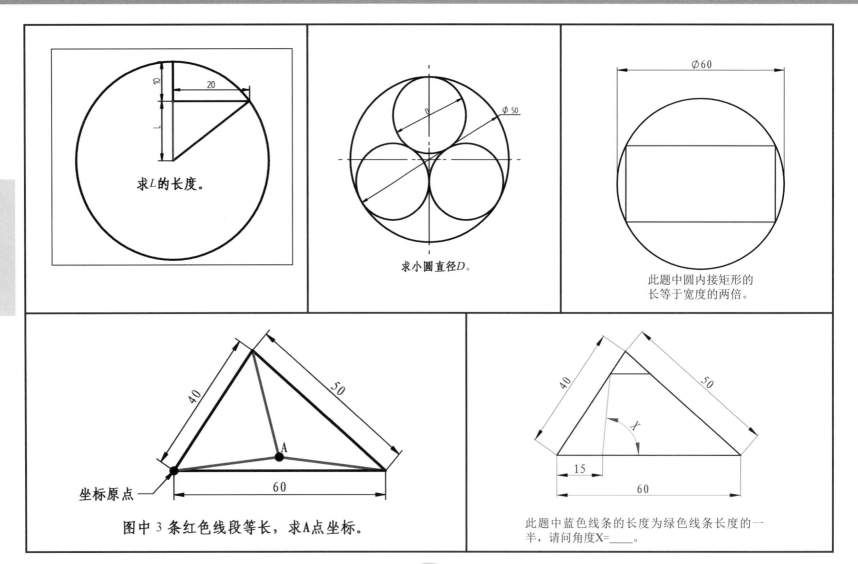

求L的长度。

求小圆直径D。

此题中圆内接矩形的长等于宽度的两倍。

图中3条红色线段等长，求A点坐标。

此题中蓝色线条的长度为绿色线条长度的一半，请问角度X=____。

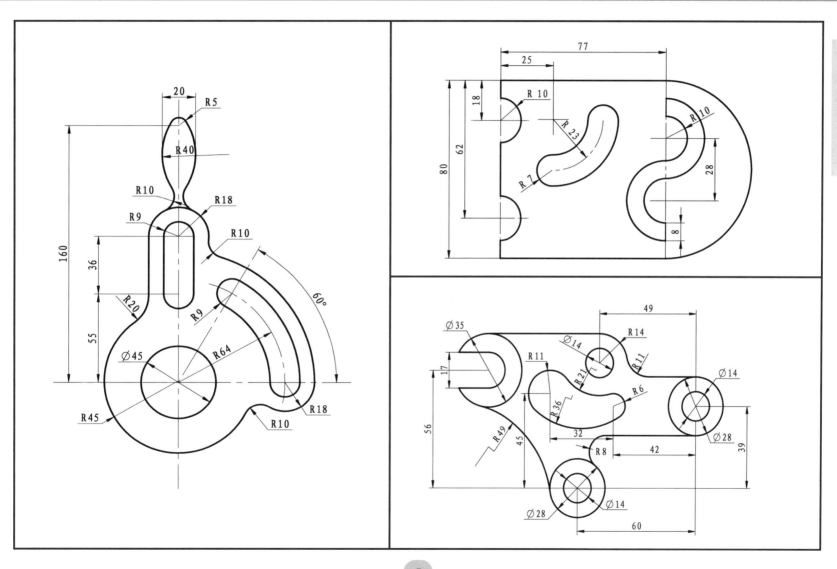

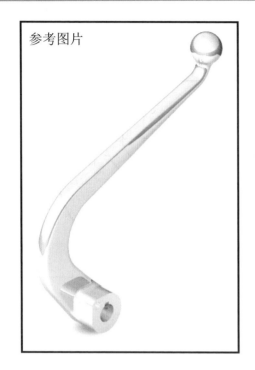

参考图片

草图

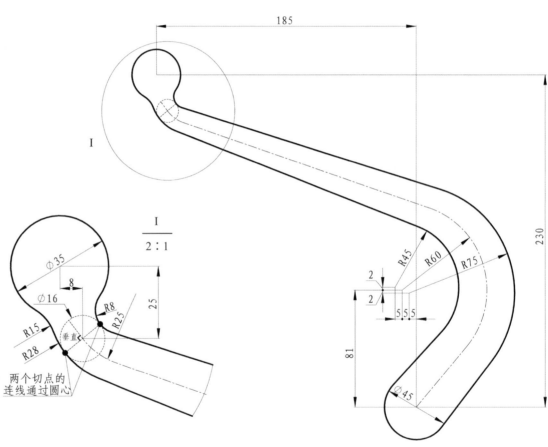

185

230

81

R45

R60

R75

2

2

5,5,5

Ø45

I

Ø35

8

Ø16

R8

R25

R15

垂直

R28

25

I
―――
2 : 1

两个切点的
连线通过圆心

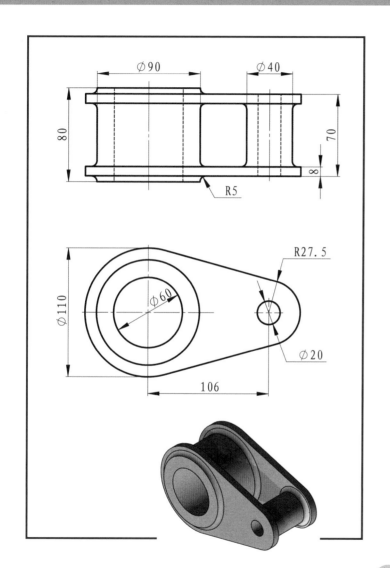

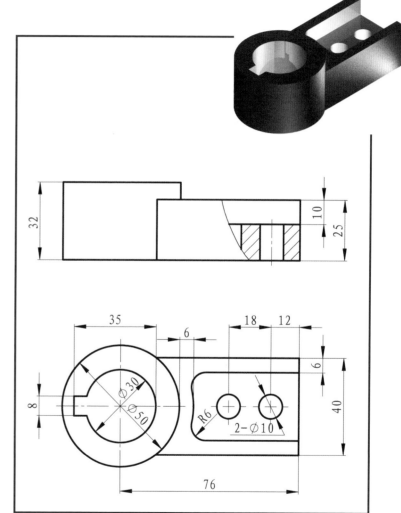

零件与工程图

零件与工程图

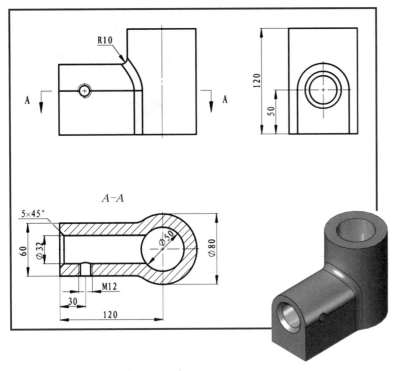

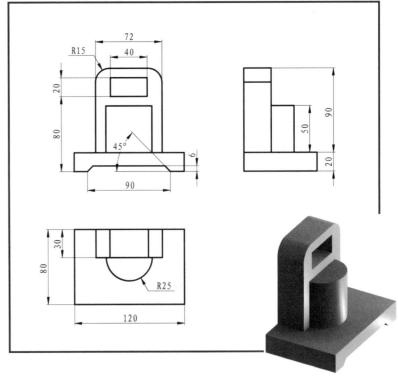

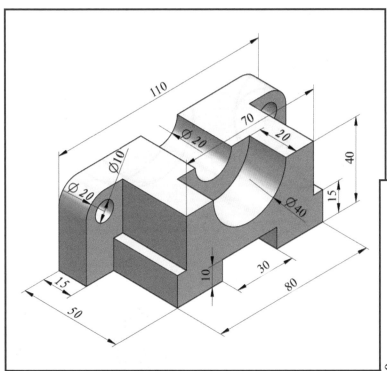

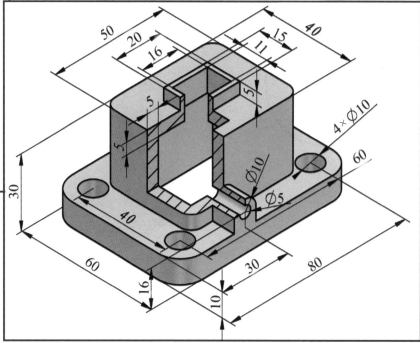

零件与工程图

零件与工程图

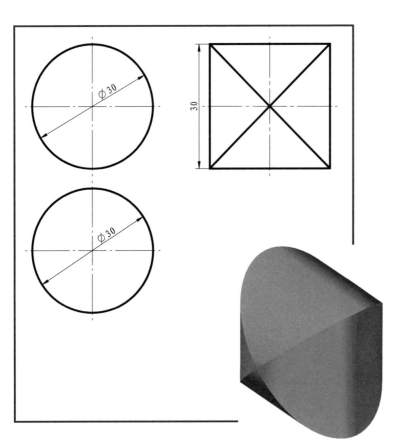

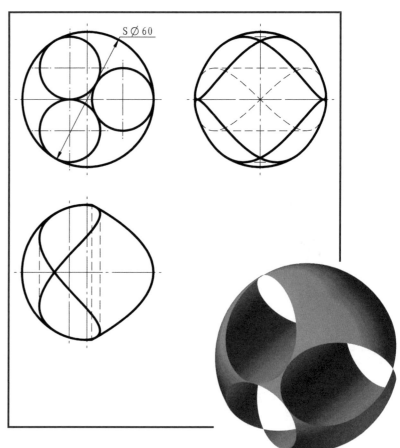

S⌀60

⌀30

⌀30

30

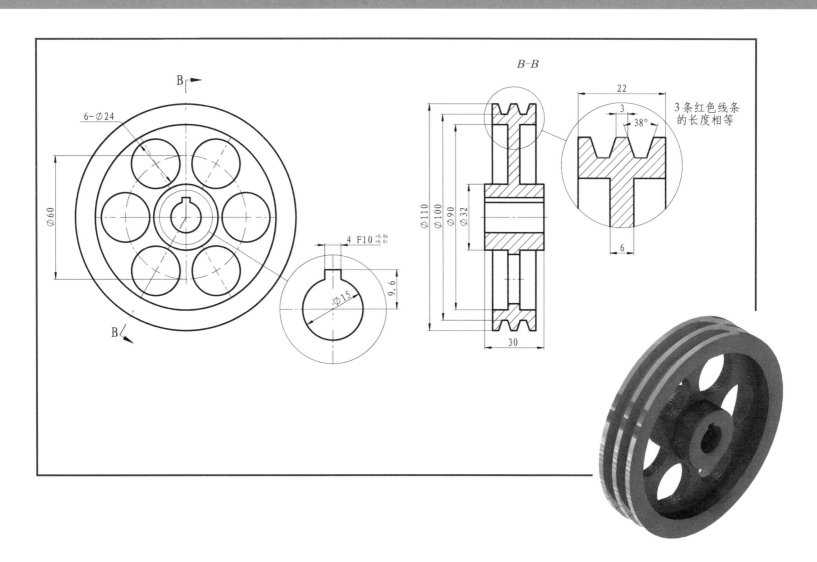

B-B

6-Ø24

Ø60

4 F10 +0.06 +0.01

9.6

Ø15

B

Ø110
Ø100
Ø90
Ø32

22

3

38°

3条红色线条
的长度相等

6

30

零件与工程图

视图A

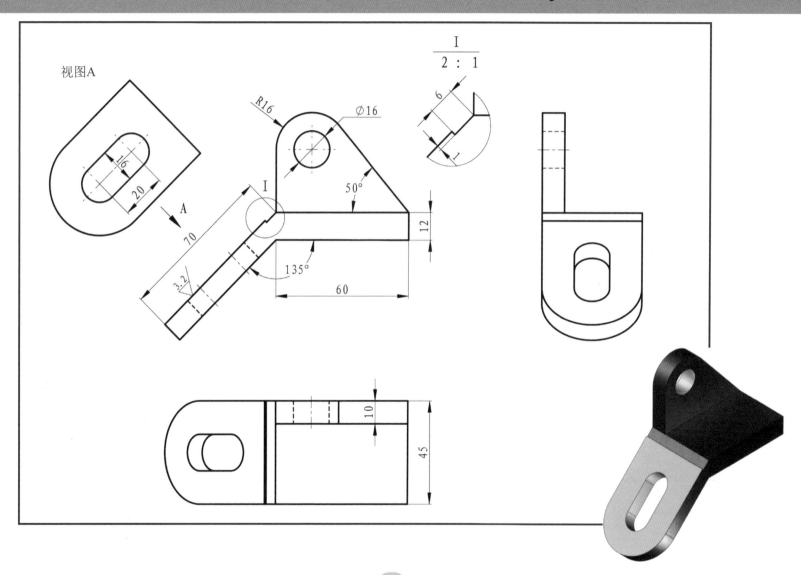

R16

∅16

I
2 : 1

6

1

50°

A

70

20

16

3.2

135°

12

60

45

10

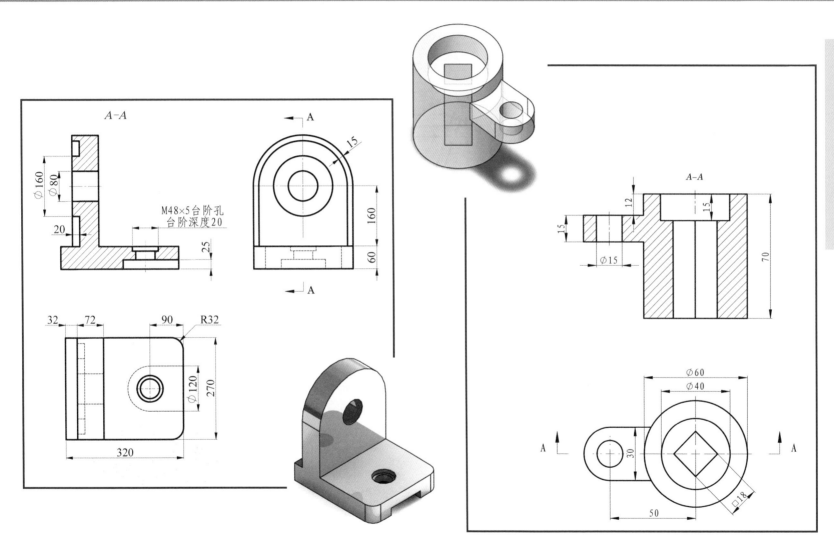

A–A

15

Ø160

Ø80

20

M48×5台阶孔
台阶深度20

25

160

60

A

A

32　72　90　R32

Ø120

270

320

12

15

Ø15

15

70

A–A

Ø60

Ø40

30

50

□18

A

A

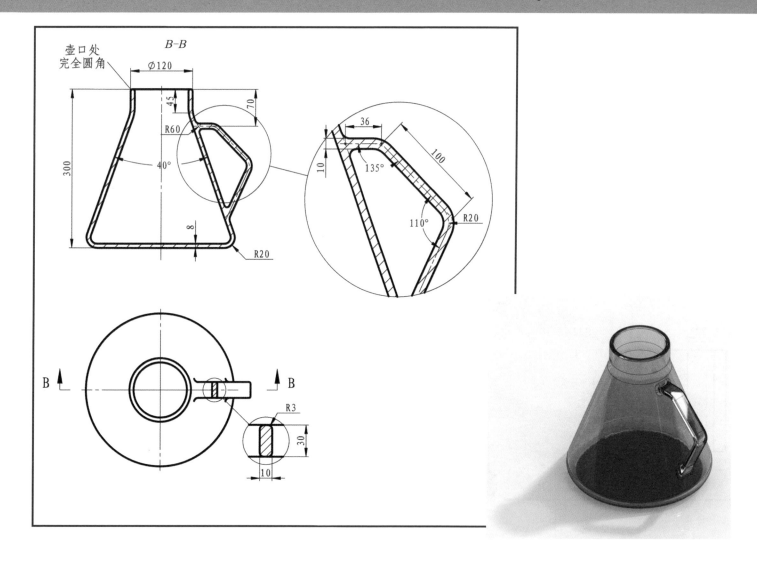

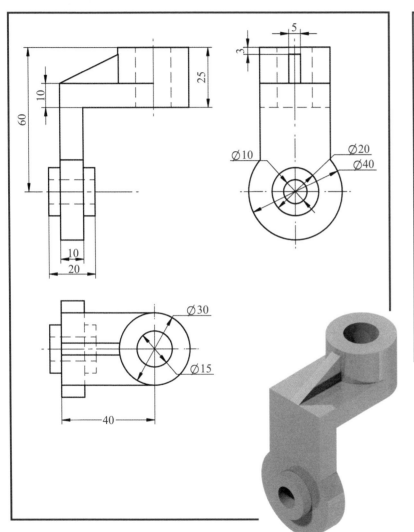

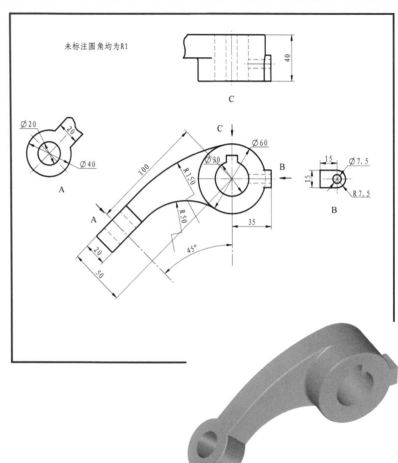

未标注圆角均为R1

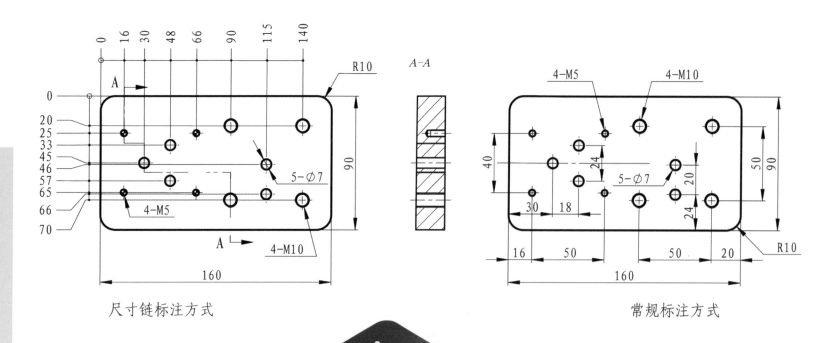

尺寸链标注方式

常规标注方式

零件与工程图

零
件
与
工
程
图

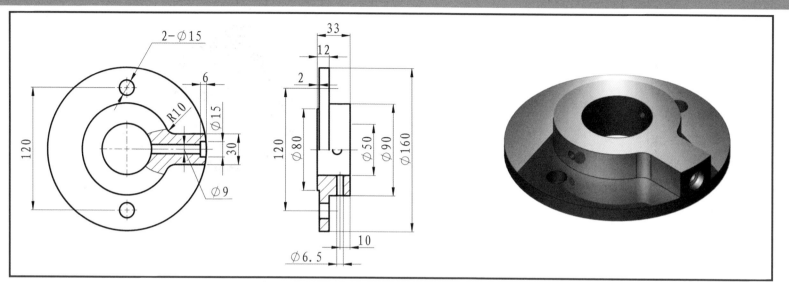

2-∅15
33
12
2
6
R10
∅15
∅9
120
120
∅80
∅50
∅90
∅160
30
10
∅6.5

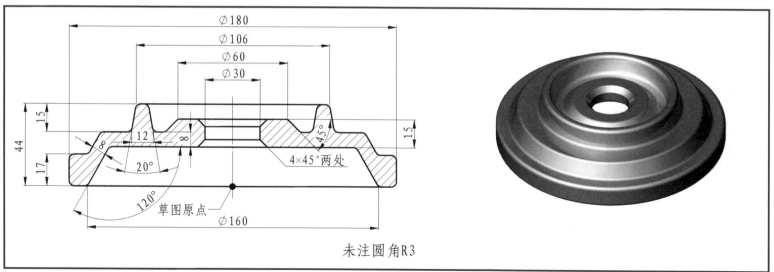

∅180
∅106
∅60
∅30
15
44
17
8
12
8
45°
15
20°
4×45°两处
120°
草图原点
∅160

未注圆角R3

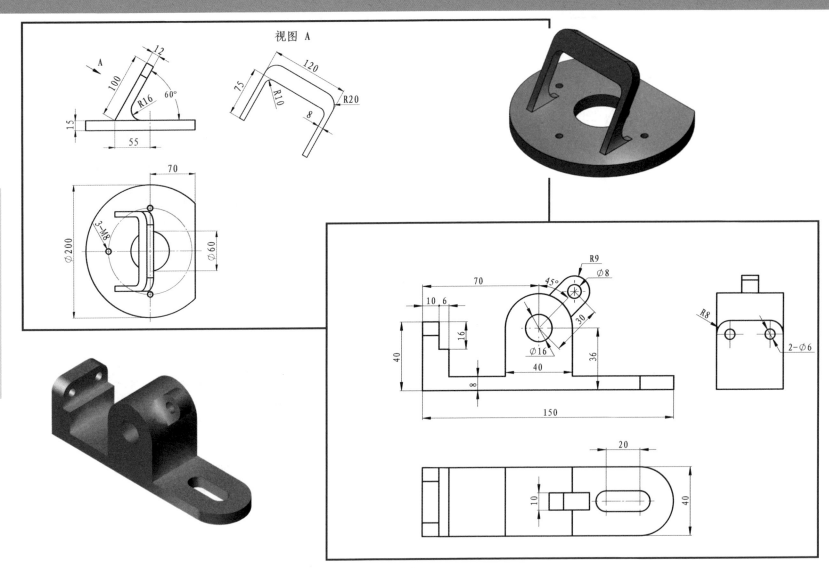

视图 A

零件与工程图

三维CAD习题集

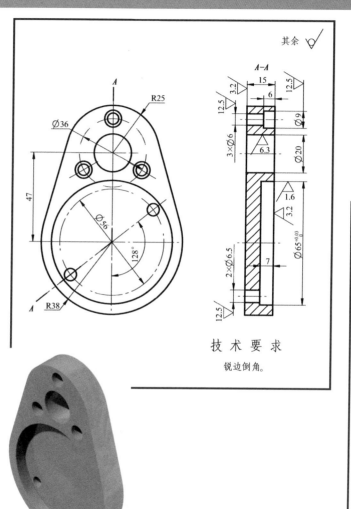

其余 ✓

A—A

技术要求

锐边倒角。

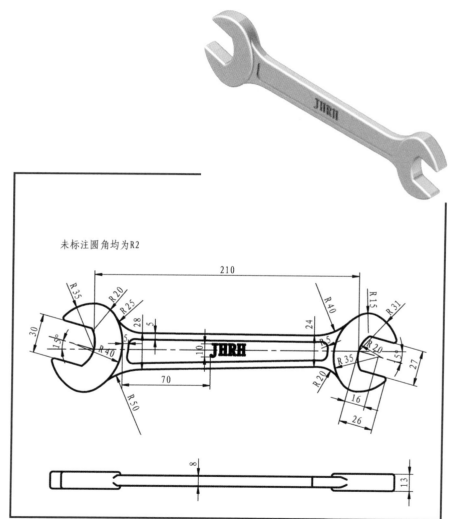

未标注圆角均为R2

JHRH

19

零件与工程图

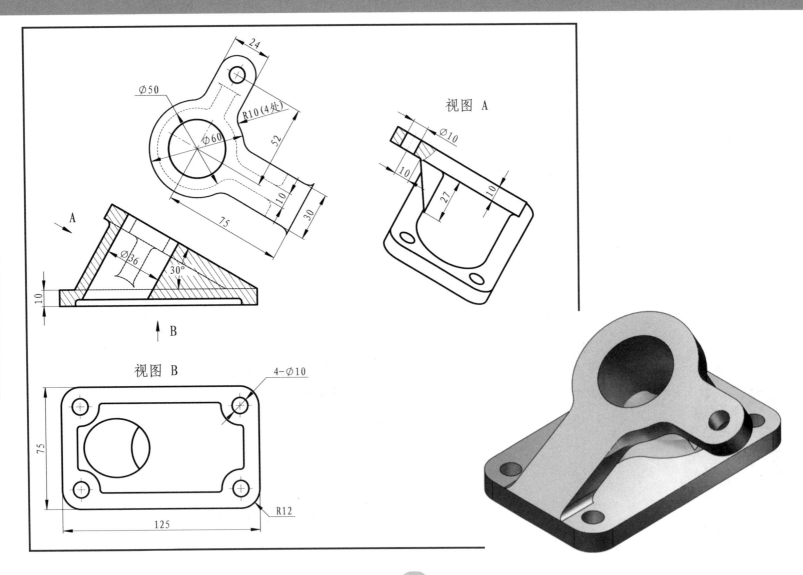

視图 A

視图 B

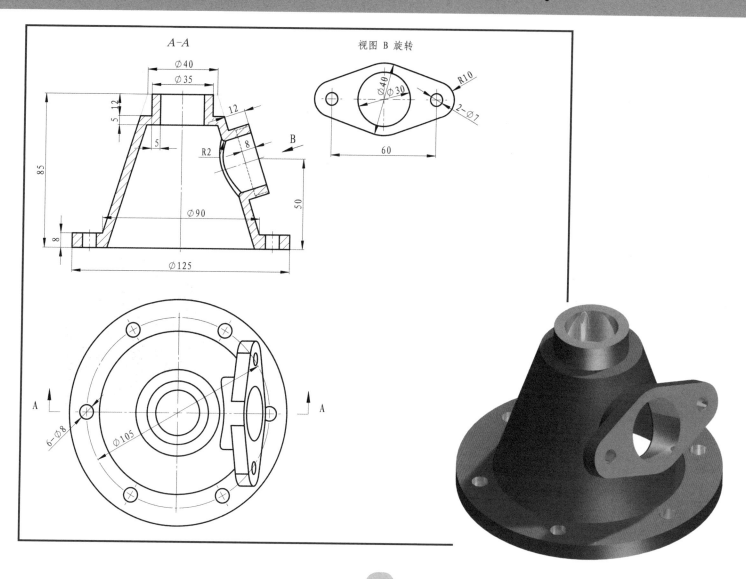

A-A

视图 B 旋转

∅40
∅35
∅40
∅30
R10
2-∅7
60
5
12
12
85
5
R2
8
8
B
50
∅90
8
∅125

6-∅8
∅105
A
A

零件与工程图

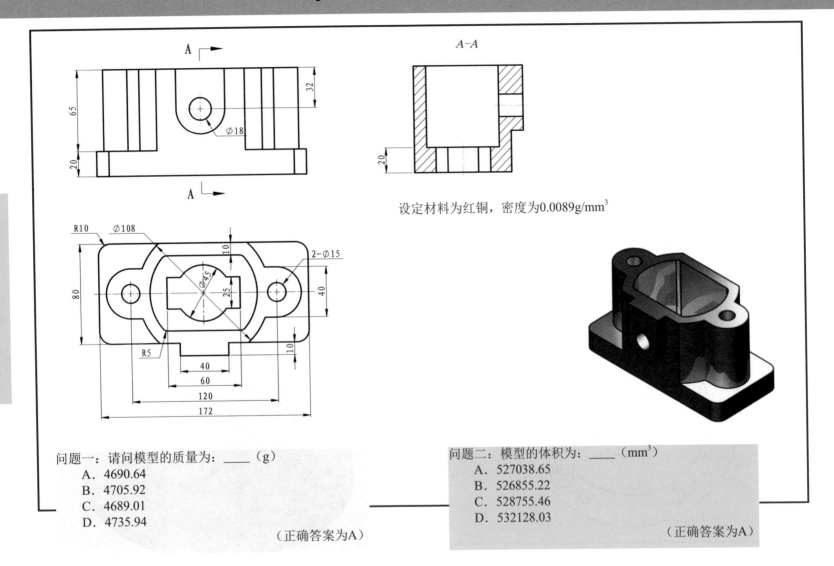

A—A

设定材料为红铜，密度为0.0089g/mm³

问题一：请问模型的质量为：_____（g）

    A．4690.64

    B．4705.92

    C．4689.01

    D．4735.94

（正确答案为A）

问题二：模型的体积为：_____（mm³）

    A．527038.65

    B．526855.22

    C．528755.46

    D．532128.03

（正确答案为A）

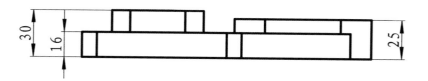

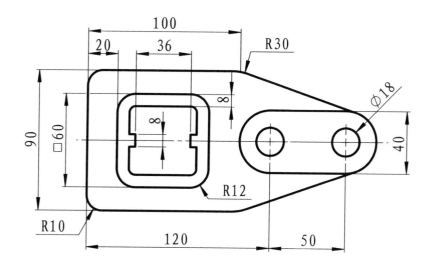

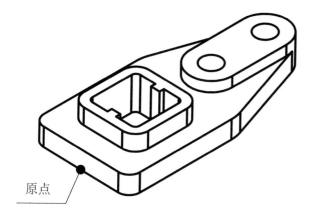

设定材料为普通碳钢，密度为0.0078g/mm³

原点

零件与工程图

问题一：请问该模型的重量为：＿＿＿（g）

A. 1636
B. 1932
C. 1848
D. 1577

（正确答案为C）

问题二：请问该模型的重心位置为：＿＿＿

A. x=87.52，y=10.74，z=0
B. x=92.56，y=11.32，z=0
C. x=102.52，y=12.08，z=0
D. x=-91.34，y=12.17，z=0

（正确答案为A）

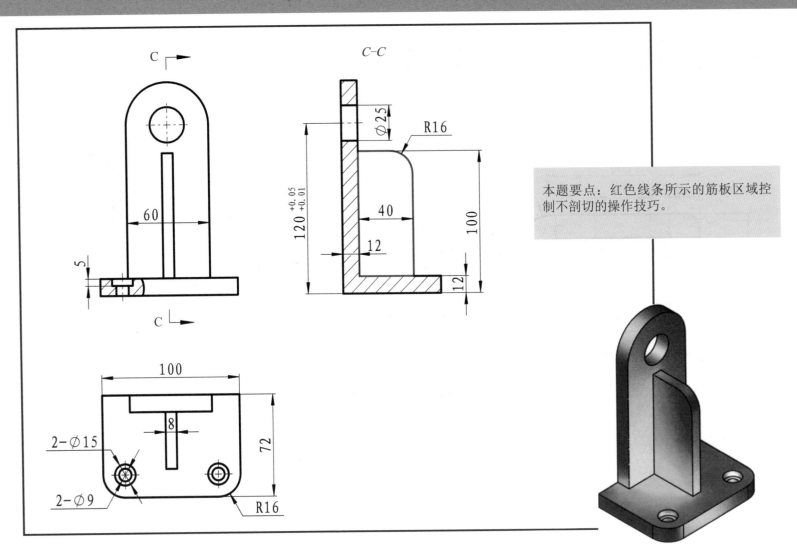

C

C–C

⌀25

R16

120 +0.05 +0.01

40

12

100

12

60

5

C

本题要点：红色线条所示的筋板区域控制不剖切的操作技巧。

100

8

72

2–⌀15

2–⌀9

R16

零件与工程图

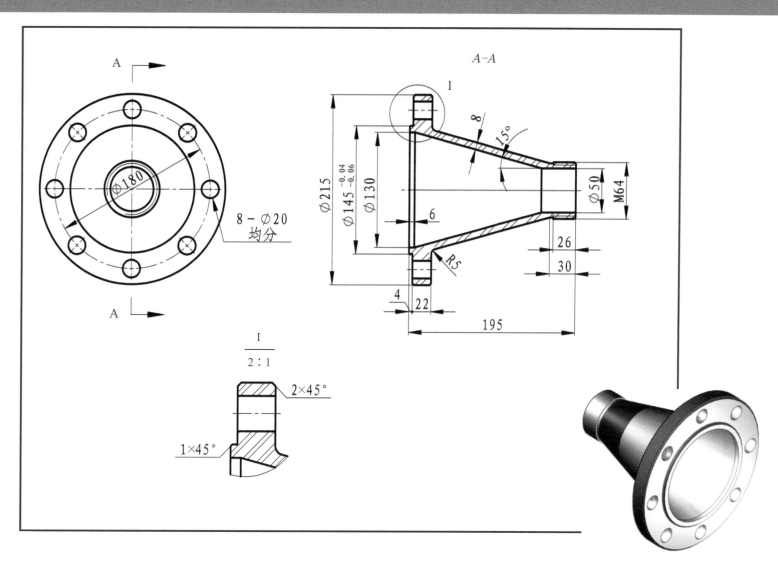

A

A—A

A

Φ180

8 − Φ20
均分

I

Φ215

Φ145 $^{-0.04}_{-0.06}$

Φ130

8

15°

Φ50

M64

6

26

30

R5

4

22

195

I
2:1

2×45°

1×45°

零件与工程图

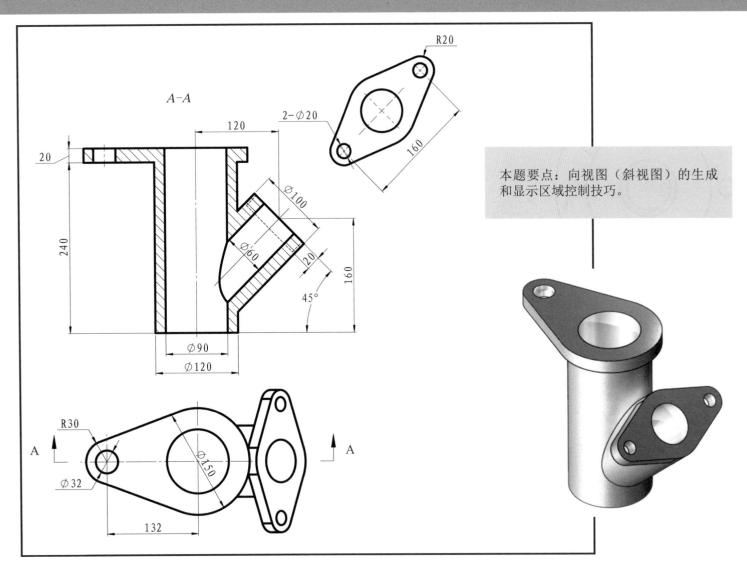

A–A

120

20

2–∅20

R20

240

∅100

∅60

20

160

45°

∅90

∅120

160

本题要点：向视图（斜视图）的生成和显示区域控制技巧。

R30

∅150

∅32

132

A

A

零件与工程图

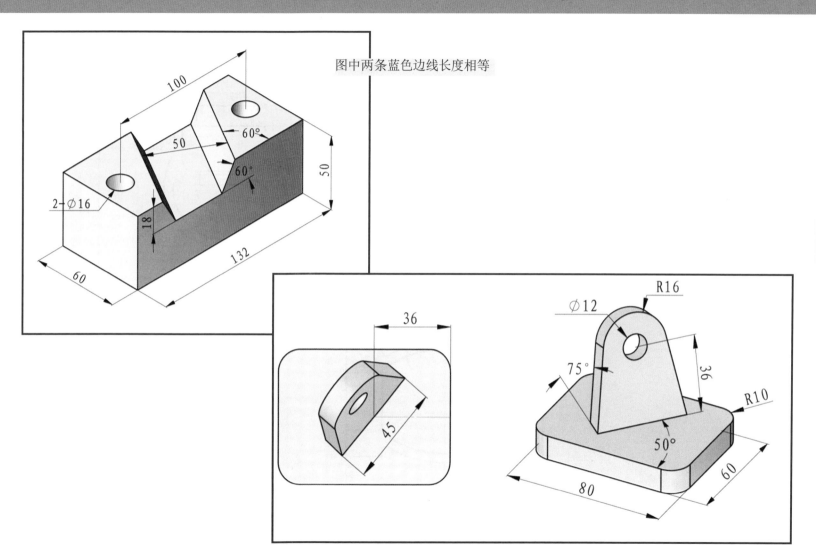

图中两条蓝色边线长度相等

零件与工程图

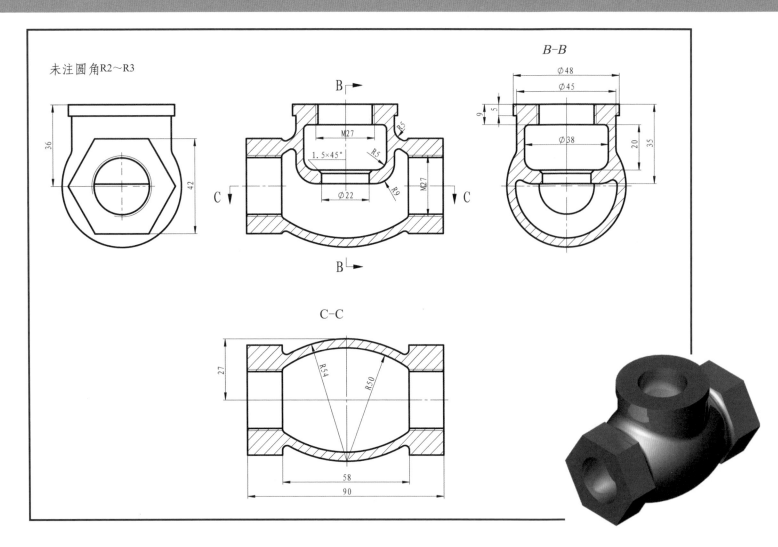

未注圆角R2～R3

B-B

C-C

零件与工程图

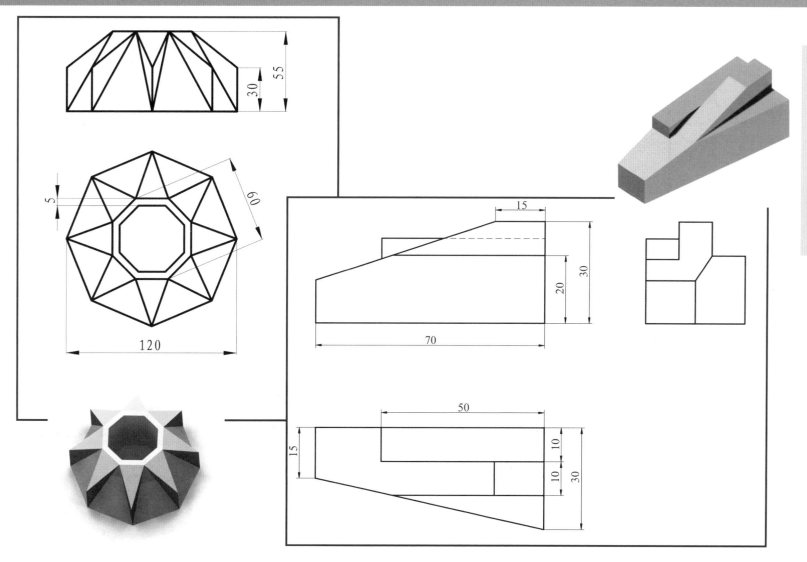

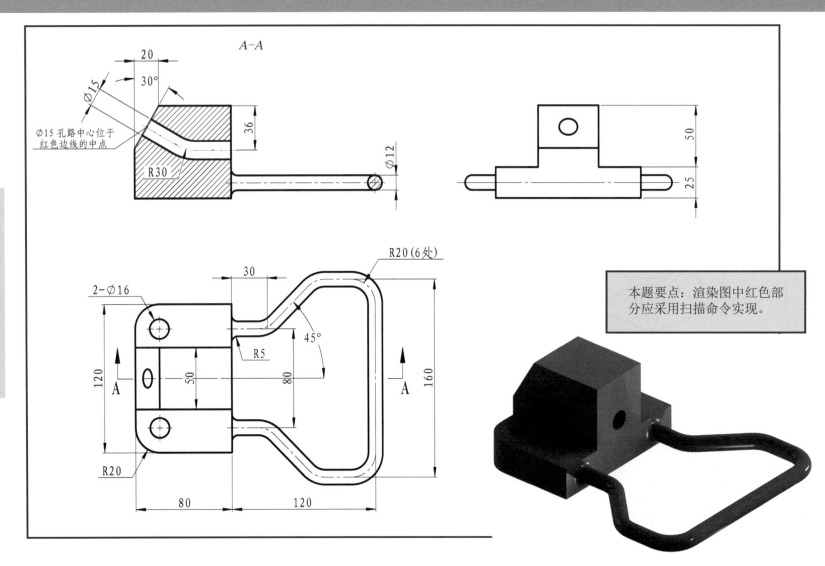

零件与工程图

A–A

20

30°

Ø15

Ø15 孔路中心位于
红色边线的中点

36

R30

Ø12

50

25

30

R20(6处)

2-Ø16

120

50

45°

R5

80

A

A

160

R20

80

120

本题要点：渲染图中红色部
分应采用扫描命令实现。

等径等螺距螺旋

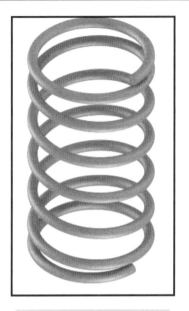

等径非等螺距螺旋

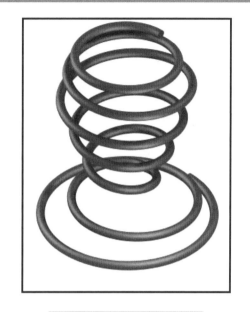

非等径非等螺距螺旋

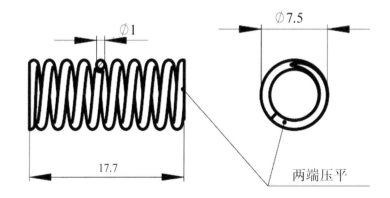

两端压平

零件与工程图

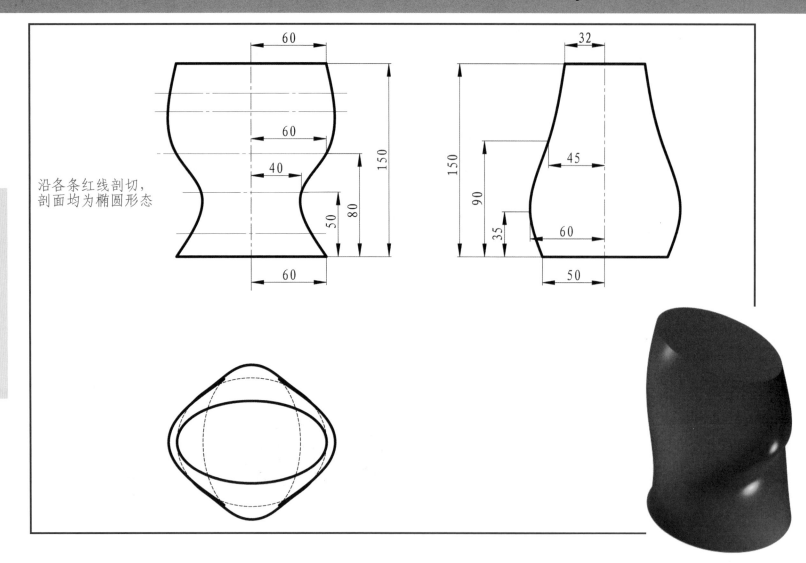

沿各条红线剖切,
剖面均为椭圆形态

零件与工程图

零件与工程图

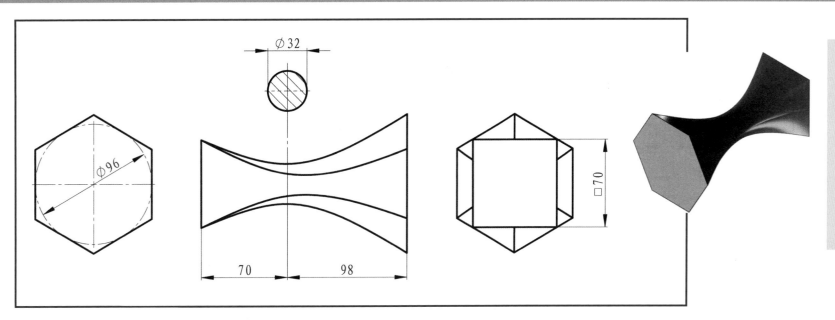

Ø32

Ø96

□70

70 98

锥形螺旋的底端为一个内接圆
直径为20的等边六边形

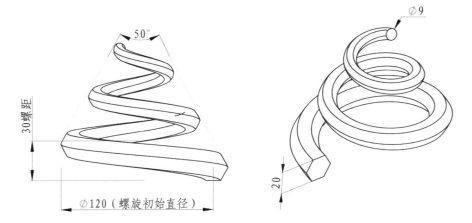

50°

30螺距

Ø120（螺旋初始直径）

Ø9

20

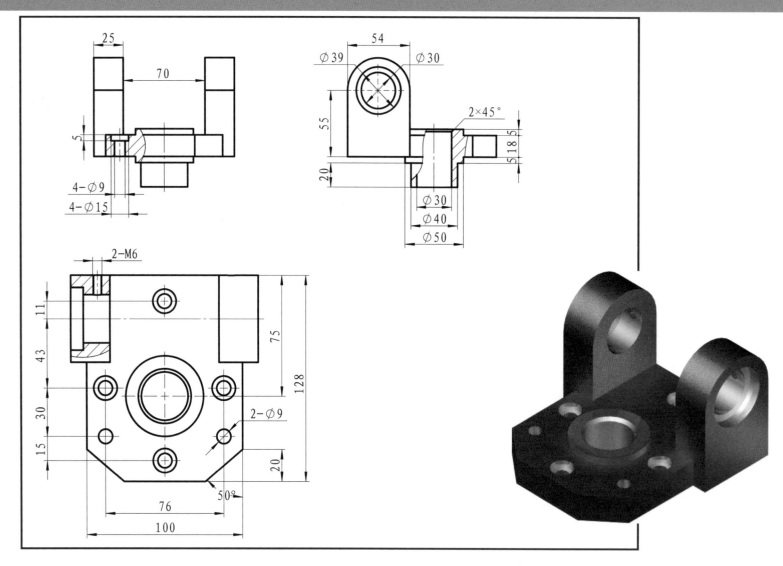

未注倒角2

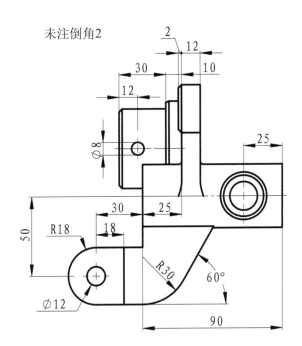

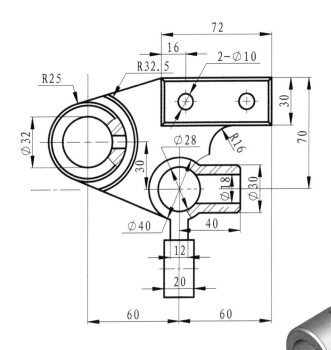

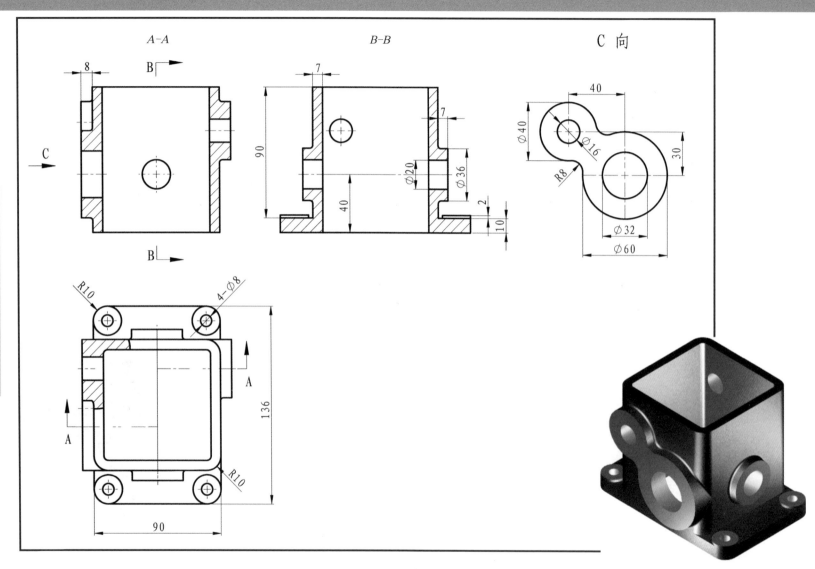

A–A

B–B

C 向

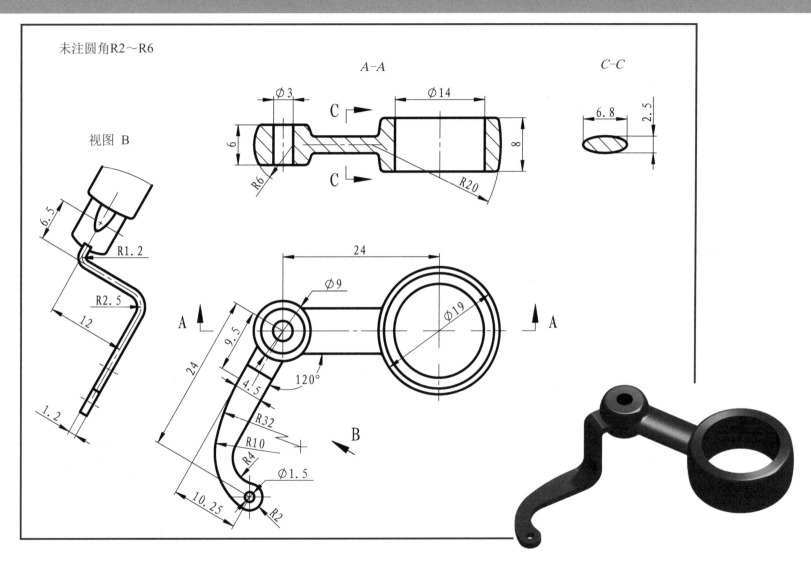

未注圆角R2～R6

视图 B

A–A

C–C

Ø3

Ø14

6

8

R6

R20

6.8

2.5

6.5

R1.2

R2.5

12

1.2

24

Ø9

9.5

24

4.5

120°

R32

R10

R4

Ø1.5

10.25

R2

A

B

A

Ø19

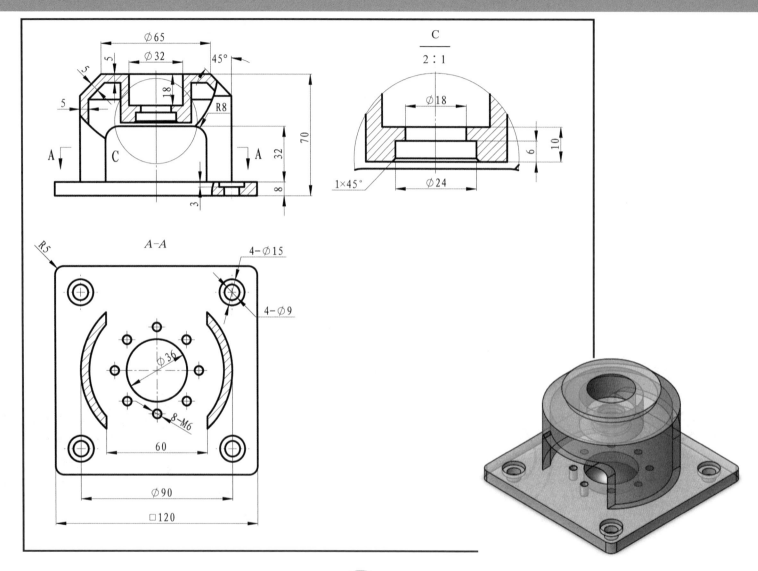

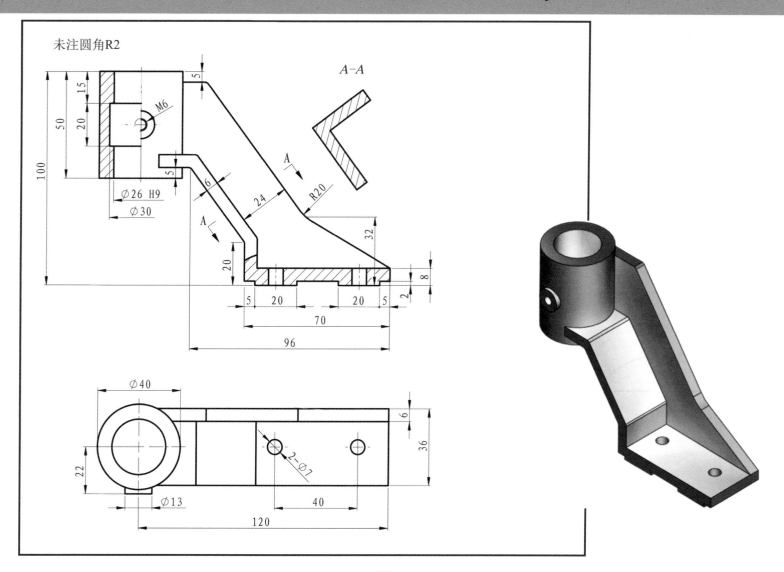

未注圆角R2

A–A

M6

Ø26 H9
Ø30

15
20
50
100
5
5
6
24
R20
32
20
8
2
5
20
20
5
70
96

Ø40
Ø13
22
2-Ø7
40
120
6
36

三维CAD习题集

根据两视图绘制三维模型

零件与工程图

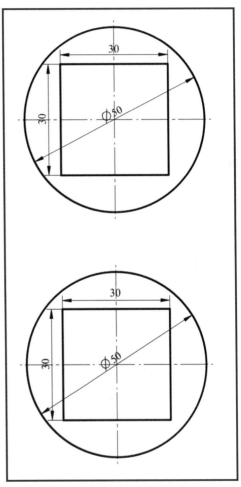

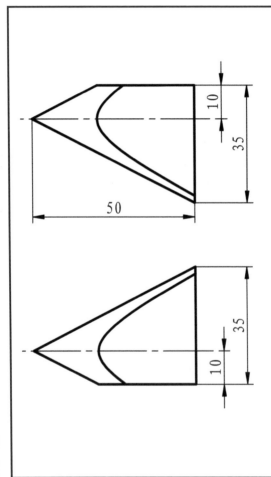

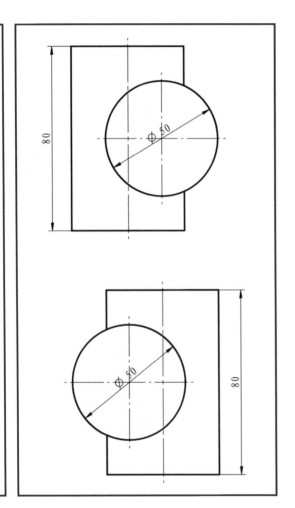

40

三维CAD习题集

工程图操作要点

1. 按照GB或企业标准绘制标题栏，设置工程图模板。
2. 建立各类工程视图表达零件形态。
3. 标注尺寸、公差以及各类工程符号。

未注圆角R3～R5

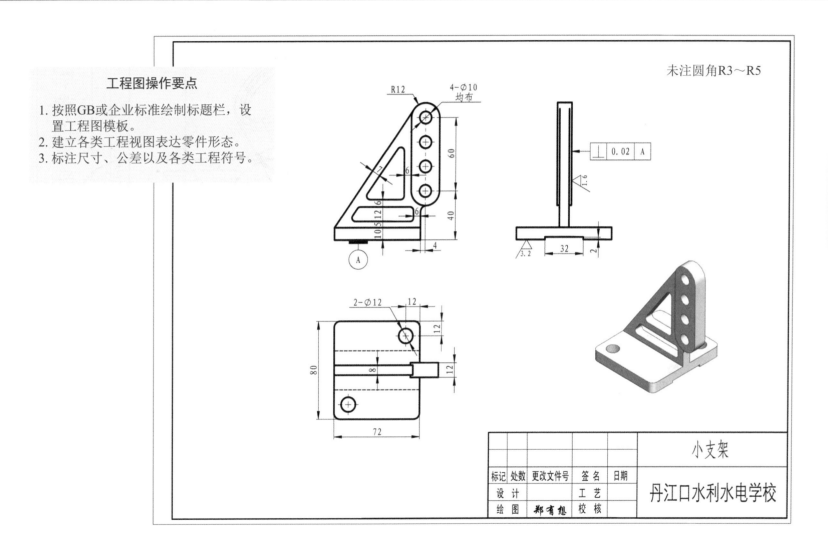

小支架					
标记	处数	更改文件号	签 名	日期	丹江口水利水电学校
设 计			工 艺		
绘 图	郑有想		校 核		

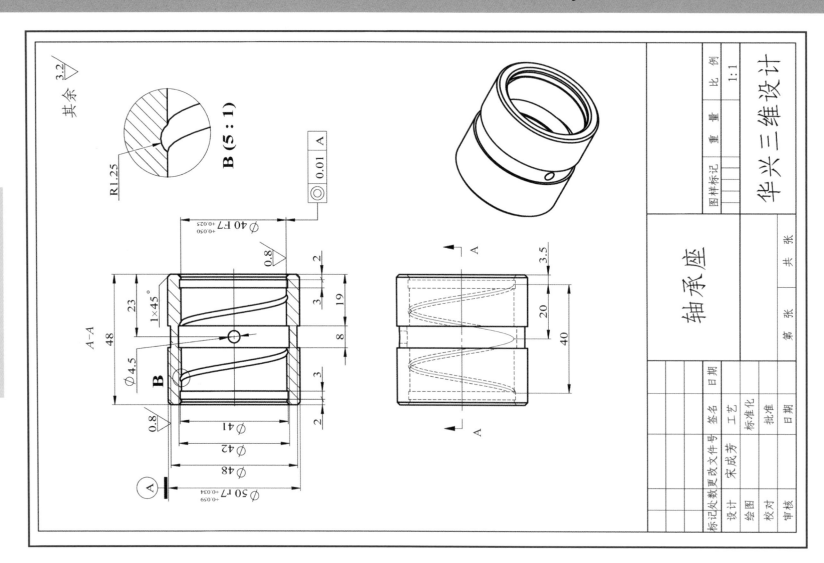

其余 $\sqrt{\frac{3.2}{}}$

B（5：1）

R1.25

⌀40 F7 $^{+0.050}_{+0.025}$

0.8

⌀4.5

23

1×45°

48

A-A

B

⌀41

⌀42

⌀48

⌀50 r7 $^{+0.059}_{+0.034}$

0.8

19

3

8

3

2

2

A

A

3.5

20

40

◎ 0.01 A

A

零件与工程图						

轴承座

华兴三维设计

图样标记		重 量		比 例
				1：1

标记	处数	更改文件号	签名	日 期
设计	宋成芳		工艺	
绘图			标准化	
校对			批准	
审核			日期	

第 张	共 张

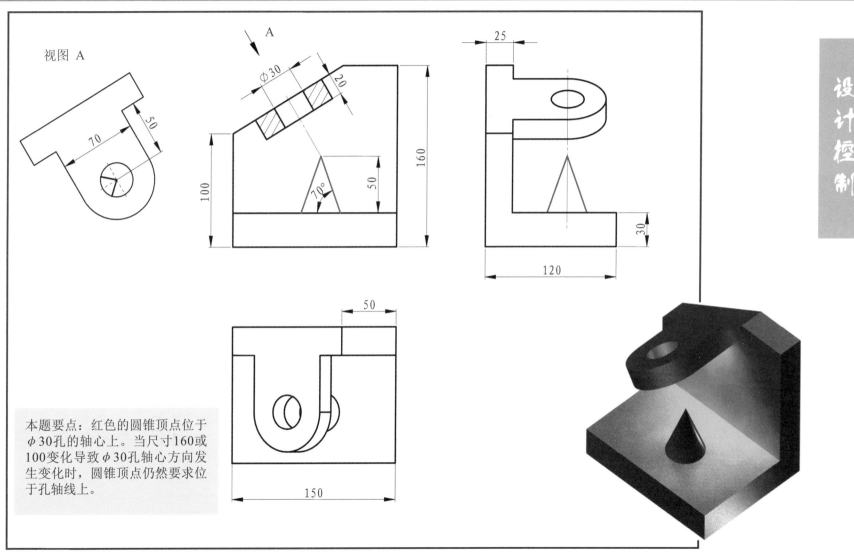

视图 A

A

φ30

20

70

50

100

70°

50

160

25

120

30

50

本题要点：红色的圆锥顶点位于 φ30孔的轴心上。当尺寸160或 100变化导致φ30孔轴心方向发生变化时，圆锥顶点仍然要求位于孔轴线上。

150

设计控制

设
计
控
制

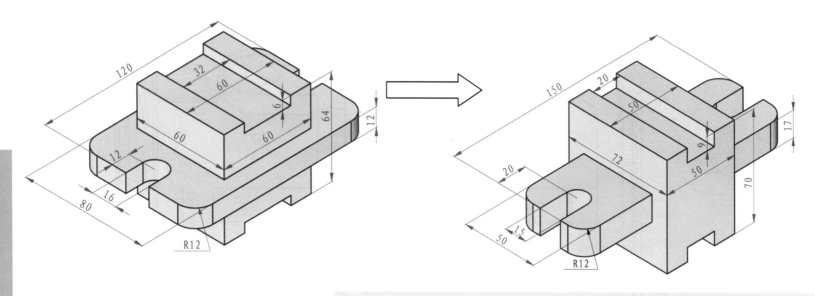

　　对称是机械零件的常见形态，需要仔细设定，在三维CAD中，对称的主要设定方法如下表所示。

设定环境	设定方法
草图层次	利用原点设定中点或者对称约束 运用方程式设定单侧尺寸为两侧总体尺寸的一半
特征层次	两侧对称拉伸或者旋转、镜像

　　在建模中设定好对称关系后，即使更改尺寸，模型的对称形态仍然保持不变，上图为更改红色所示尺寸后，模型发生变化的情况。在这个实例中，既运用了草图层次的对称设定方法，也使用了模型层次的对称设定方法。
　　一般而言，对称尽量围绕模型空间最初的3个基准面和坐标原点进行设定。

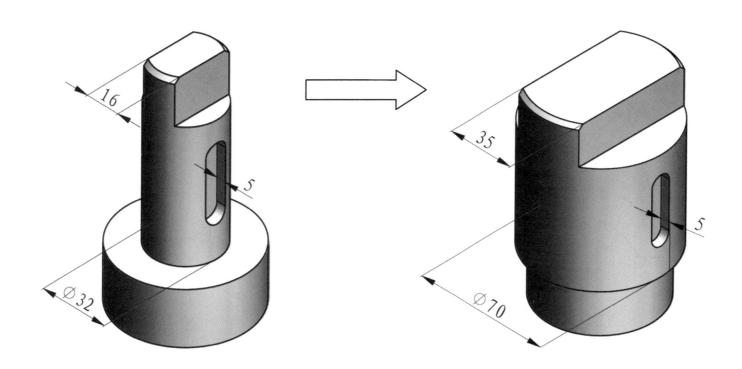

　　按照左图要求构建模型，设定圆柱上方平口的宽度等于圆柱直径的一半（采用方程式）。

　　按照右图所示变更模型尺寸 $\phi 32$ 为 $\phi 70$，并且重建模型后保证键槽的深度（从圆柱面开始测量）一直保持在5mm。

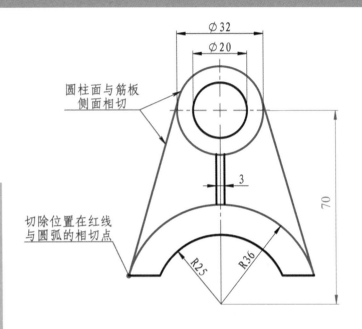

圆柱面与筋板
侧面相切

切除位置在红线
与圆弧的相切点

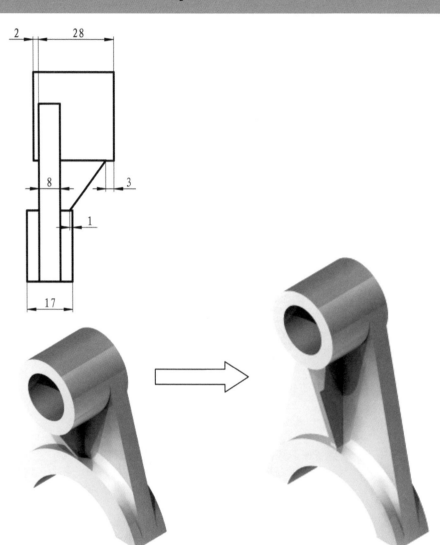

设
计
控
制

　　按照上图构建模型，在模型设计过程中注意施加必要的几何约束。
　　如右图所示，调整尺寸70为97，模型形态保持稳定。

三维CAD习题集

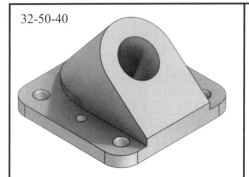

32-50-40

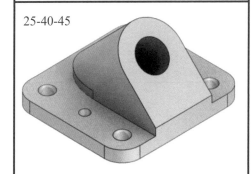

25-40-45

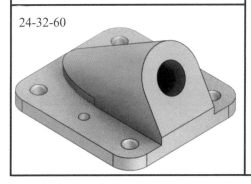

24-32-60

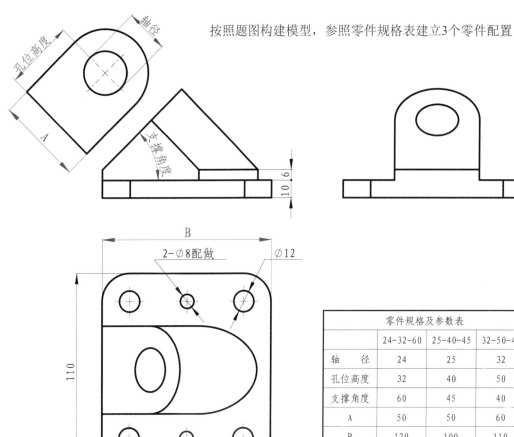

按照题图构建模型，参照零件规格表建立3个零件配置

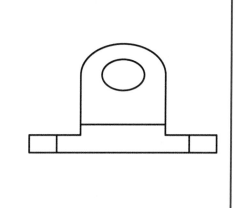

零件规格及参数表			
	24-32-60	25-40-45	32-50-40
轴　　径	24	25	32
孔位高度	32	40	50
支撑角度	60	45	40
A	50	50	60
B	120	100	110

设计控制

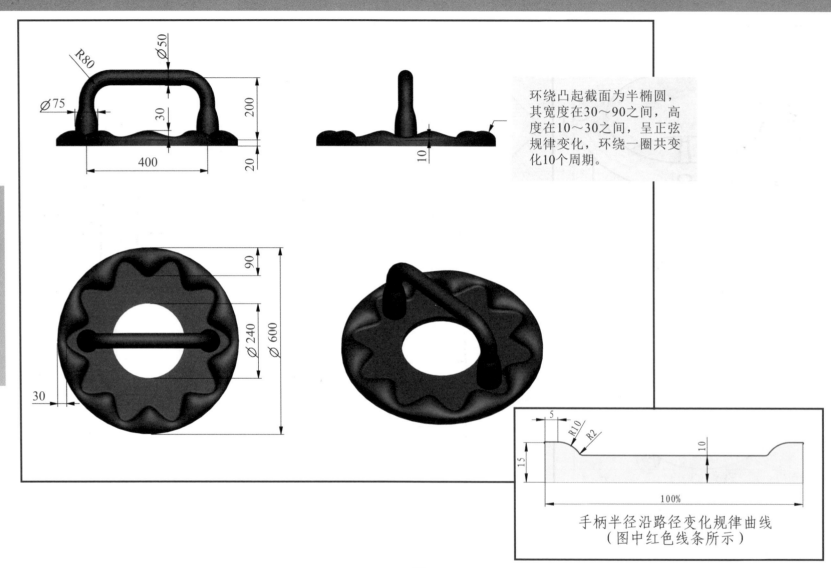

环绕凸起截面为半椭圆，其宽度在30～90之间，高度在10～30之间，呈正弦规律变化，环绕一圈共变化10个周期。

手柄半径沿路径变化规律曲线
（图中红色线条所示）

设计控制

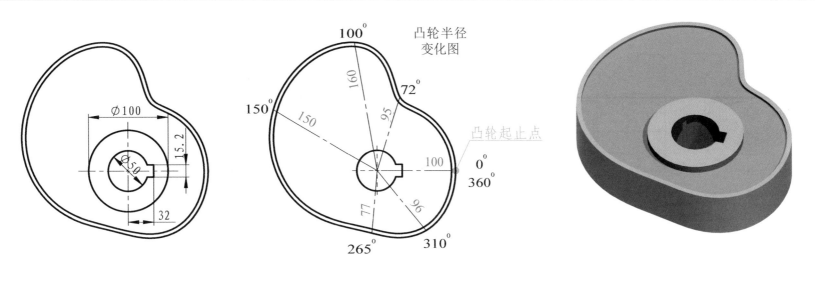

凸轮半径
变化图

100^0

160

72^0

150^0

150

95

100

凸轮起止点

0^0
360^0

77

96

265^0

310^0

Ø100

15.2

Ø50

32

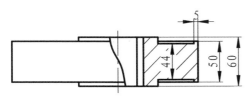

5

44

50

60

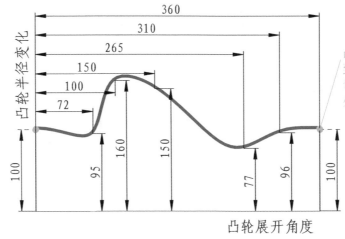

360

310

265

150

100

72

凸轮半径变化

95

160

150

77

96

100

100

凸轮展开角度

凸轮起止点位置的半径值一
致，并且曲线与水平直线相
切，保证凸轮在起止点交汇
处平滑过渡。

设计控制

复杂零件

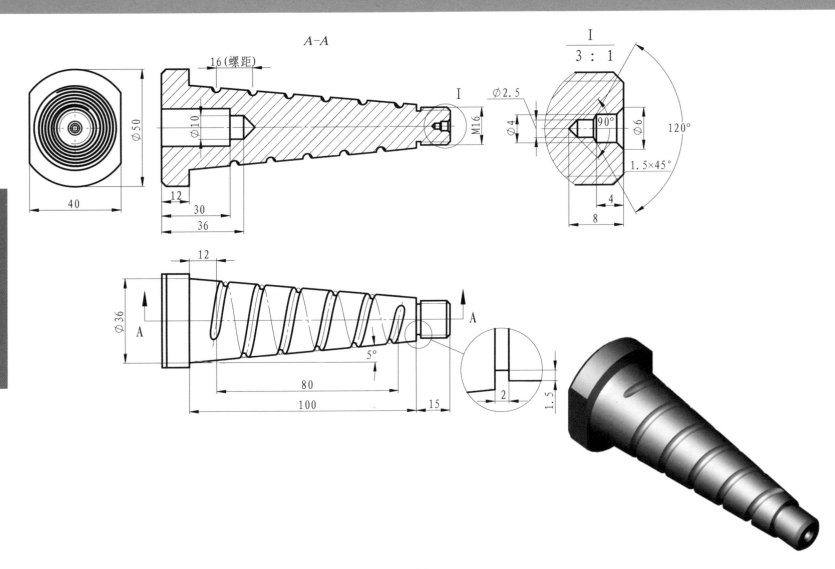

A–A

16(螺距)

Ø50

Ø10

M16

40

12

30

36

I

3:1

Ø2.5

Ø4

90°

Ø6

120°

1.5×45°

4

8

12

Ø36

A

A

5°

80

100

15

2

1.5

三维CAD习题集

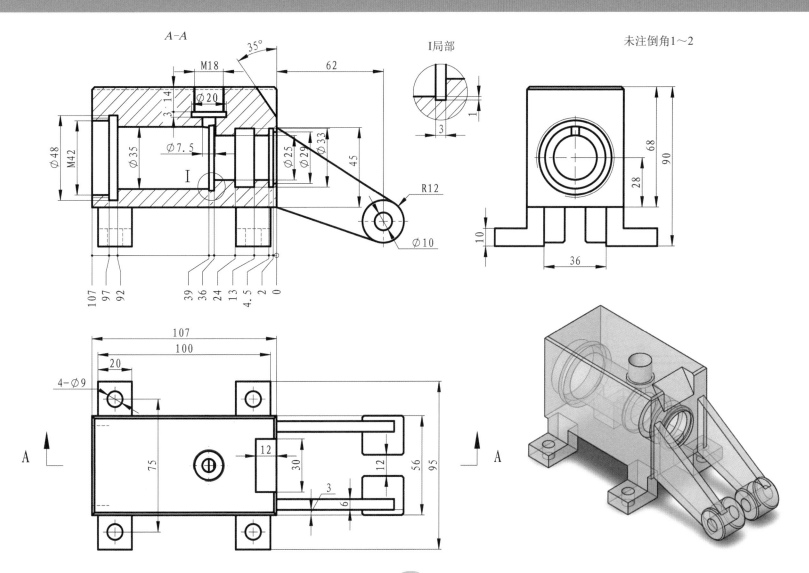

A–A

35°

M18

62

Ø20

Ø48   M42   Ø35   Ø7.5   Ø25   Ø29   Ø33   45   R12   Ø10

3·14

I

I局部

1   3

未注倒角1～2

68   90   28   10   36

107   97   92   39   36   24   13   4.5   2   0

107   100   20   4-Ø9   75   12   30   3   6   12   56   95

A   A

51

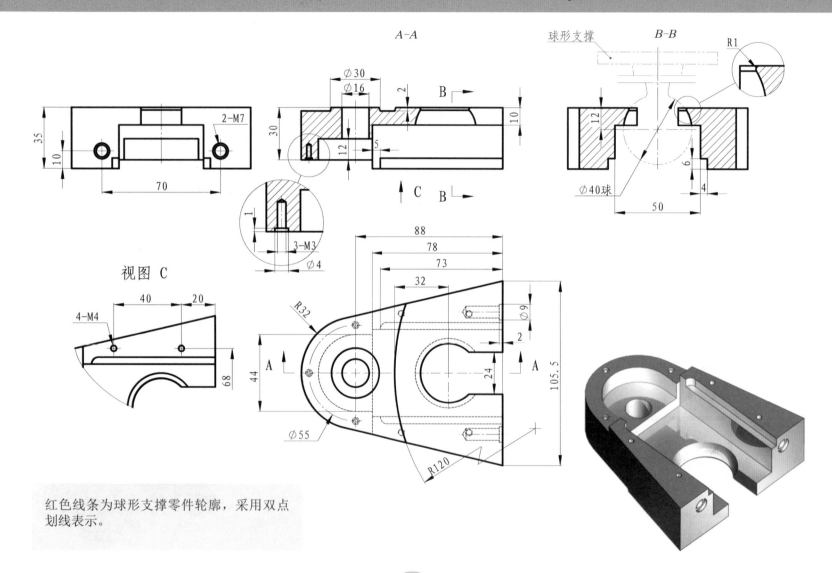

复杂零件

A-A

B-B

球形支撑

R1

Ø30
Ø16

2-M7

2-M7

35

10

70

30

12

5

10

B

C

B

12

6

4

Ø40球

50

3-M3

Ø4

1

视图 C

88

78

73

32

40

20

4-M4

68

R32

Ø9

2

A

A

44

24

Ø55

105.5

R120

红色线条为球形支撑零件轮廓，采用双点
划线表示。

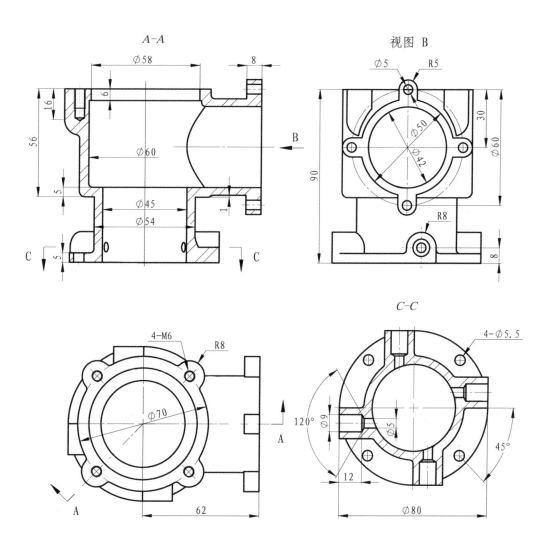

$A-A$

$\phi 58$ 8

16 6

56 $\phi 60$

B

5

$\phi 45$

$\phi 54$ 1

C C

5

视图 B

$\phi 5$ R5

$\phi 50$

$\phi 42$ $\phi 60$

30

90

R8

8

$C-C$

4-M6 R8

4-$\phi 5.5$

$\phi 70$

120° $\phi 9$

$\phi 5$

45°

12

A A $\phi 80$

62

复杂零件

复杂零件

A-A

视图B

I
2 : 1

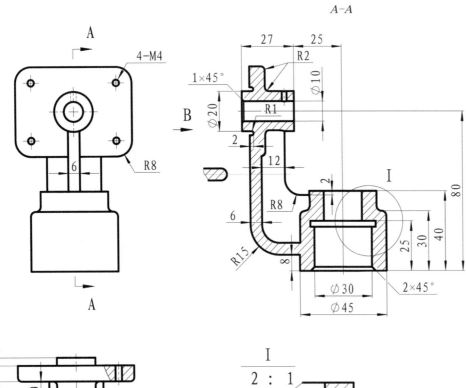

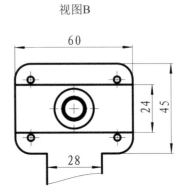

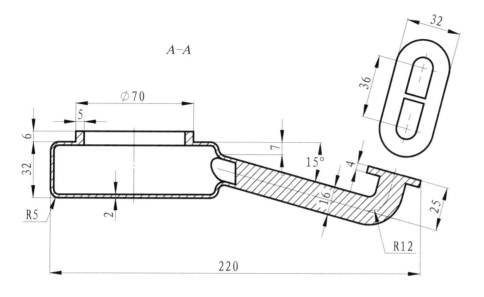

本题要点：
1. 主视图中红色所示的中心线的定义方法。
2. 俯视图中红色所示的阴影区域的绘制方法。

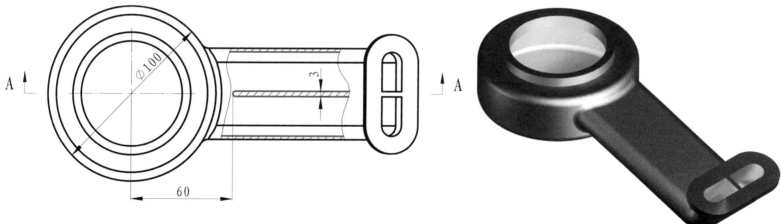

复杂零件

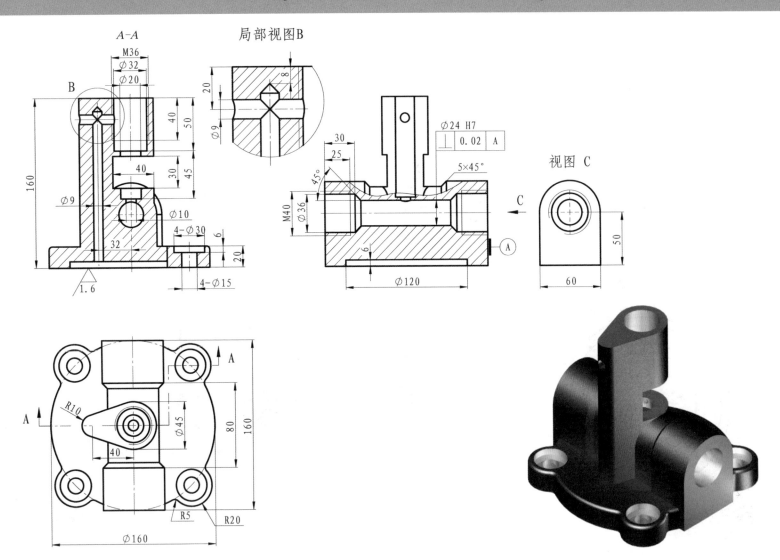

A-A

局部视图B

M36
Ø32
Ø20

B

8

20

Ø9

40
50

45
30

40

160

Ø9

Ø10

4-Ø30
6

32

20

4-Ø15

1.6

30
25

45°

M40
Ø36

6

Ø120

Ø24 H7
⊥ 0.02 A

5×45°

C

A

视图 C

50

60

R10

A

A

Ø45

40

80
160

R5
R20

Ø160

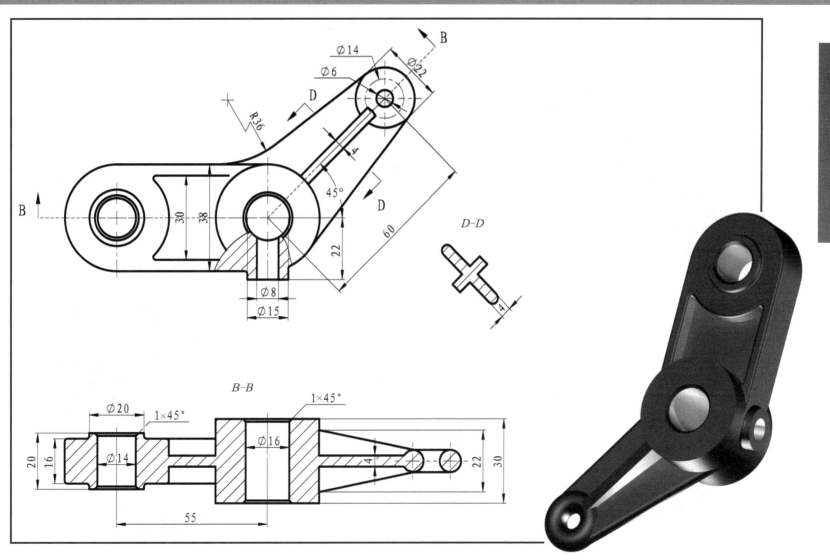

复杂零件

复杂零件

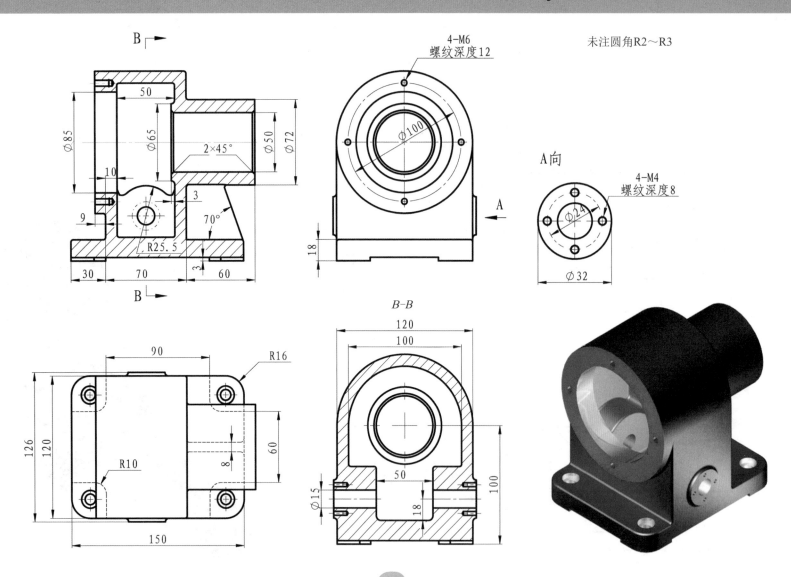

B

4-M6
螺纹深度12

未注圆角R2～R3

50

Ø85
Ø65
2×45°
Ø50
Ø72

10

9

3

70°

R25.5

30   70   3   60

B

Ø100

18

A向

A

4-M4
螺纹深度8

Ø24

Ø32

B-B

90
R16

126
120

R10

60

8

150

120
100

50

Ø15

18

100

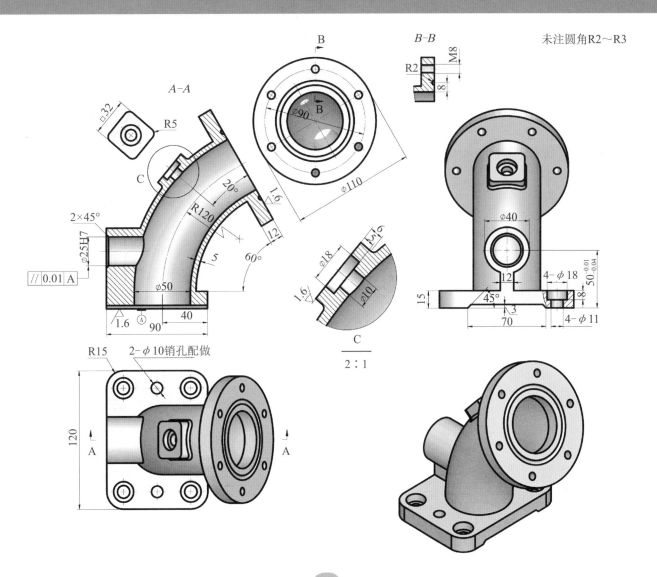

B

B-B

R2

M8

8

未注圆角R2~R3

A-A

□32

R5

C

20°

R120

1.6

Φ90

B

Φ110

2×45°

Φ25H7

// 0.01 A

5

12

60°

1.6

Φ50

1.6

Ⓐ

40

1.6

90

Φ18

1.6

Φ10

C

2:1

Φ40

12

4-Φ18

$50^{+0.01}_{-0.04}$

15

45°

3

70

8

4-Φ11

R15

2-Φ10销孔配做

120

A

A

复杂零件

复杂零件

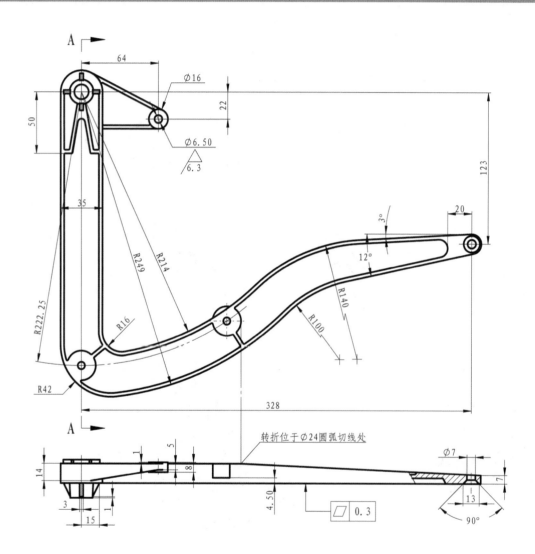

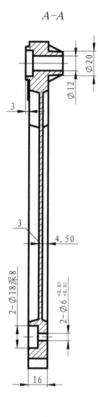

转折位于⌀24圆弧切线处

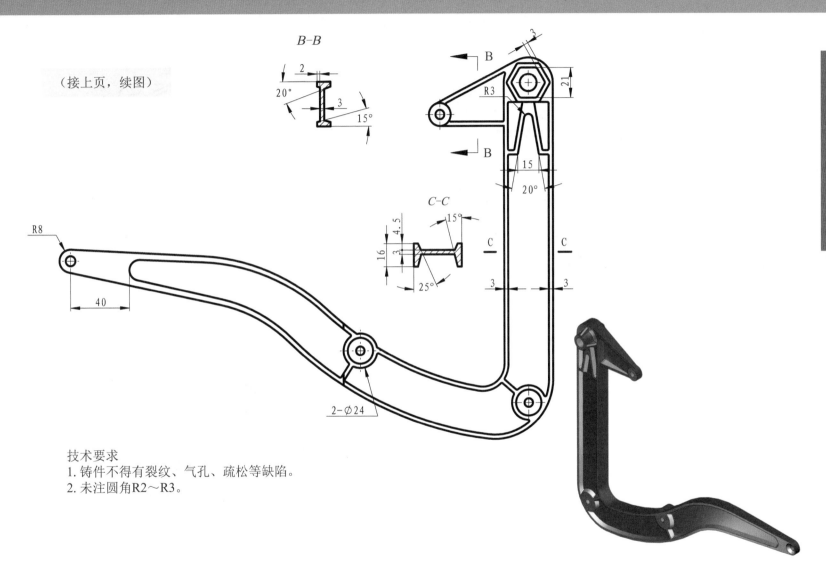

（接上页，续图）

B-B

C-C

复杂零件

技术要求
1. 铸件不得有裂纹、气孔、疏松等缺陷。
2. 未注圆角R2~R3。

复杂零件

A–A

B–B

C–C

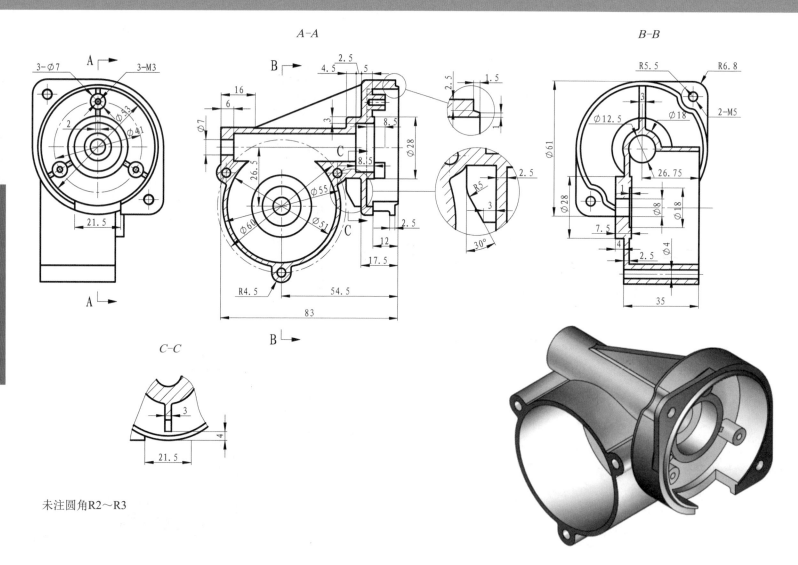

3-Ø7　　3-M3

Ø33
2　　　Ø41
21.5

2.5
4.5　　　.5
16
6
Ø7
26.5
Ø55
Ø60　　　Ø51
R4.5
54.5
83

2.5　　1.5
3
8.5
8.5
Ø28
2.5
12
17.5

R5
2.5
3
30°

R5.5　　　R6.8
3
Ø12.5　　　Ø18
2-M5
Ø61
26.75
Ø28　　Ø8　　Ø18
7.5
4
2.5　　Ø4
35

3
4
21.5

未注圆角R2～R3

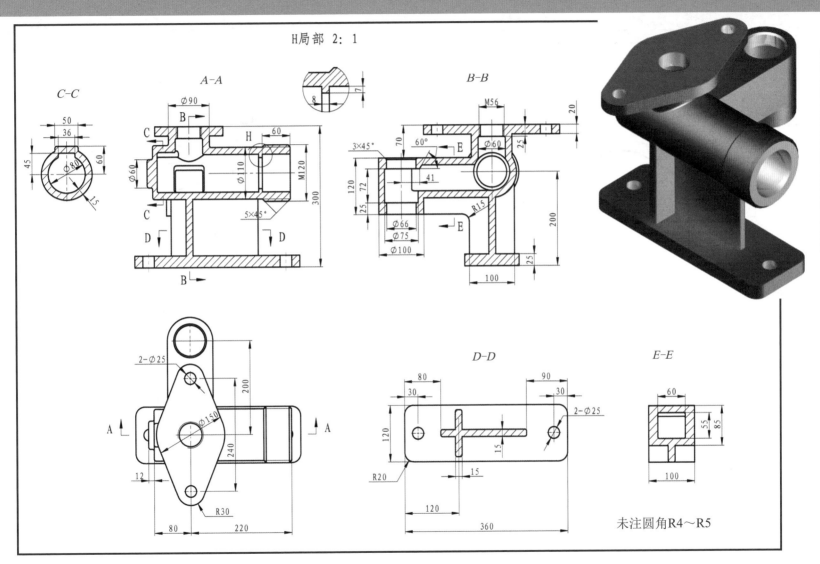

H局部 2:1

C–C

A–A

B–B

复杂零件

D–D

E–E

未注圆角R4～R5

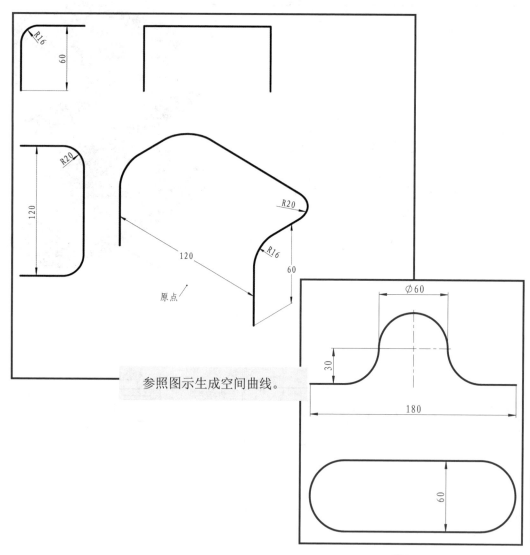

曲线与曲面

参照图示生成空间曲线。

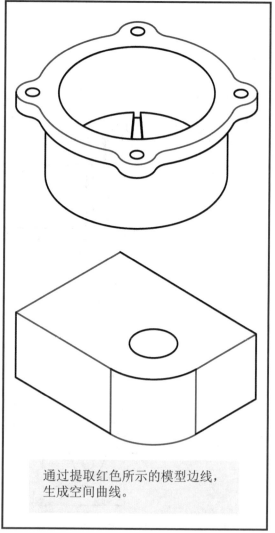

通过提取红色所示的模型边线，
生成空间曲线。

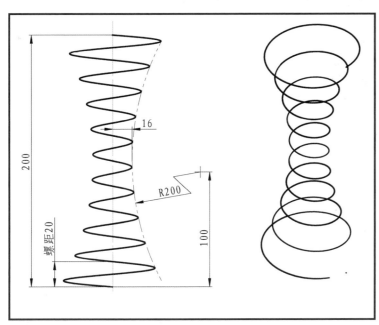

参照图示生成空间曲线。

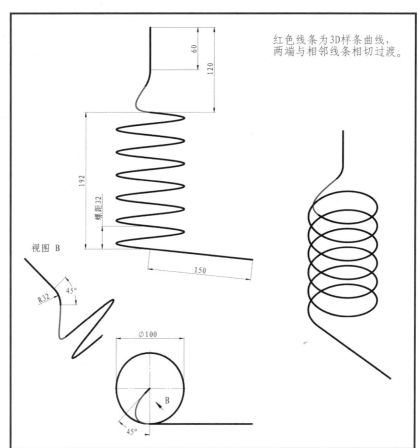

红色线条为3D样条曲线，两端与相邻线条相切过渡。

视图 B

曲线与曲面

曲线与曲面

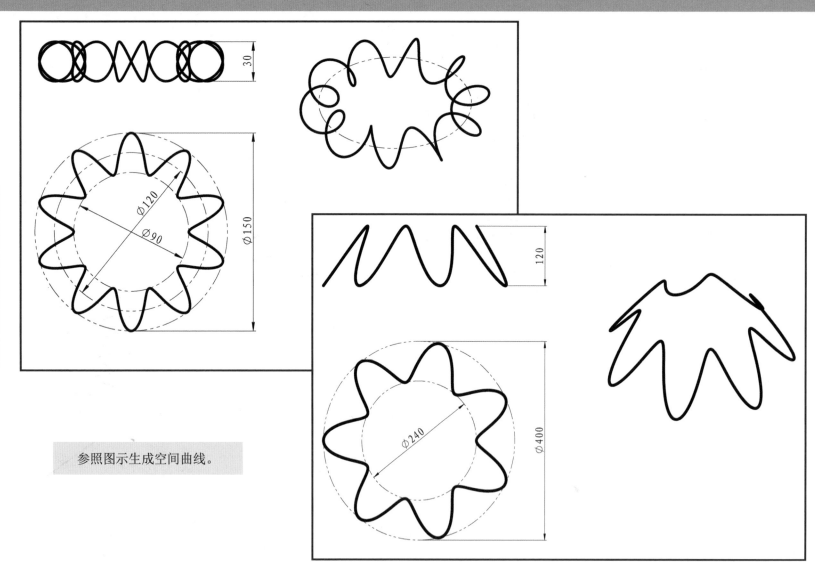

参照图示生成空间曲线。

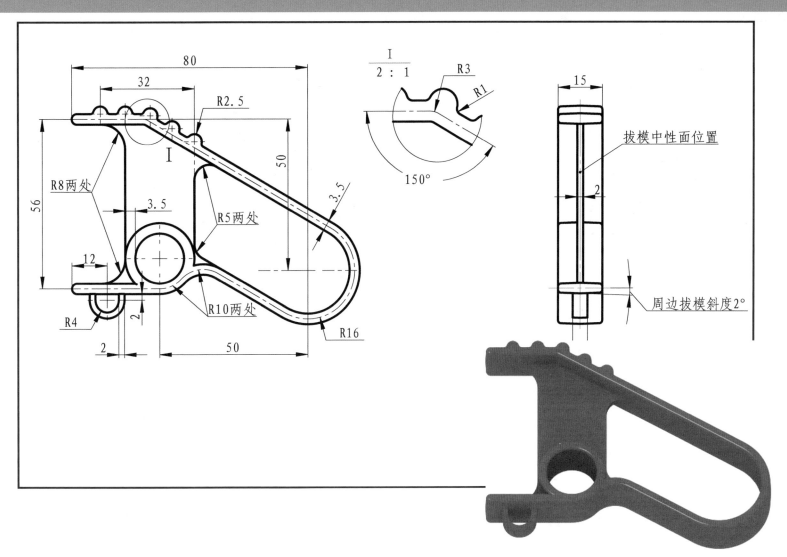

R2.5

R8两处

R5两处

R10两处

R16

R4

R3

R1

150°

拔模中性面位置

周边拔模斜度2°

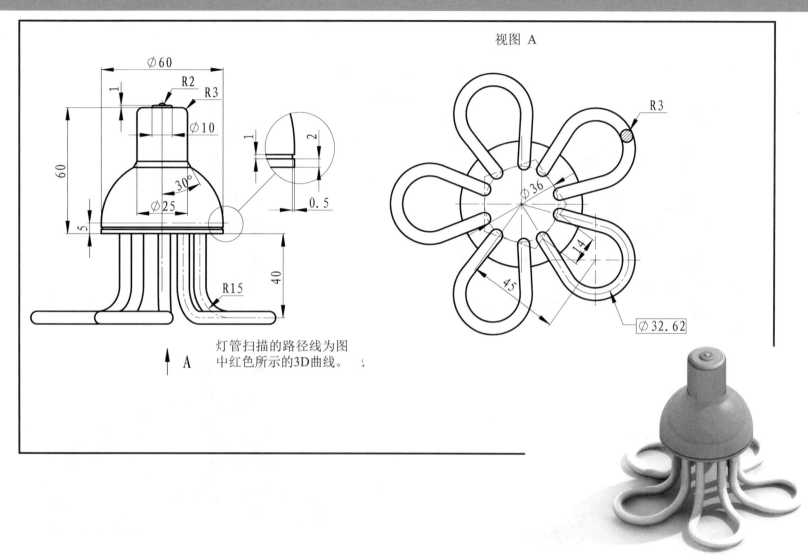

视图 A

Ø60

R2

R3

Ø10

1

60

1

2

30°

Ø25

0.5

5

R15

40

A

Ø36

R3

14

45

Ø32.62

灯管扫描的路径线为图
中红色所示的3D曲线。

曲线与曲面

曲线与曲面

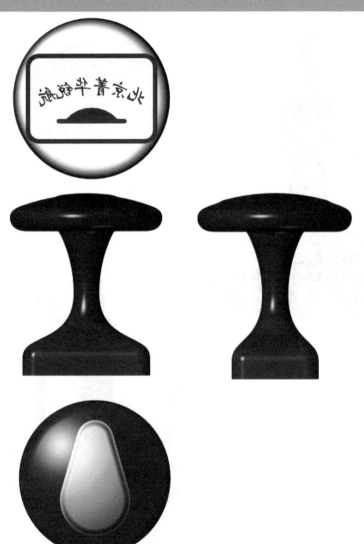

操作提示：
凸起的文字可采用变形命令
中的"曲面变形"实现。

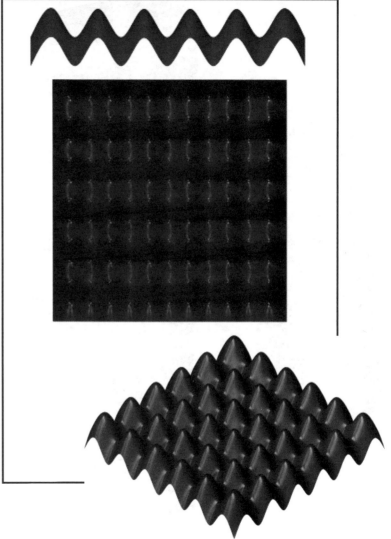

曲线与曲面

曲线与曲面

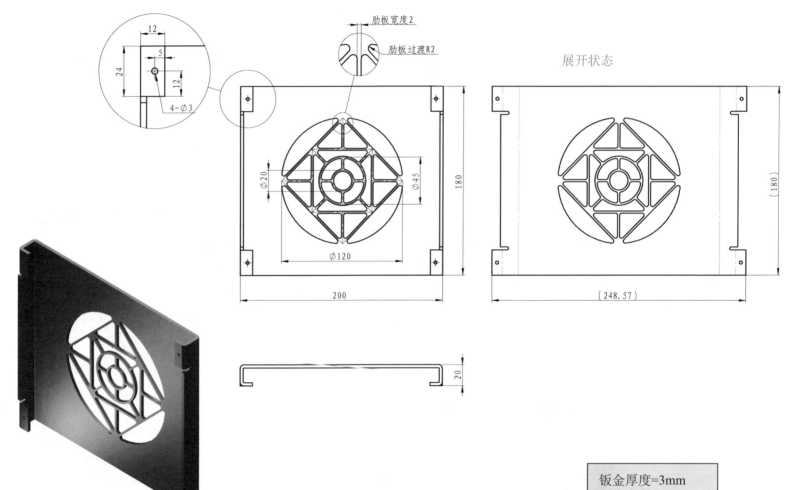

肋板宽度2

肋板过渡R2

展开状态

12

5

24

12

4-Φ3

Φ20

Φ45

Φ120

180

200

(180)

(248.57)

20

钣金厚度=3mm
折弯半径=0.5mm

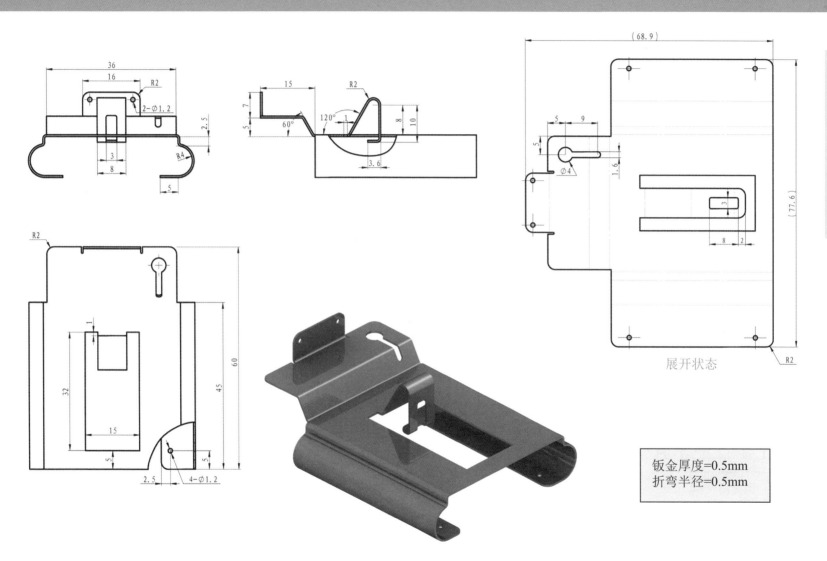

2-Φ1.2

R2

R4

36
16
2.5
3
8
5

15
7
5
60°
120°
R2
1
8
10
3.6

(68.9)
5
9
5
1.6
Φ4
3
8
2
(77.6)
R2
展开状态

R2
1
32
60
45
15
5
5
2.5
4-Φ1.2

钣金厚度=0.5mm
折弯半径=0.5mm

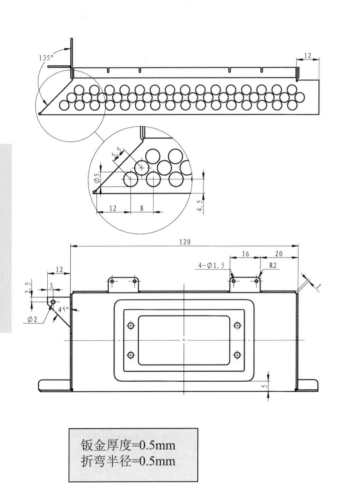

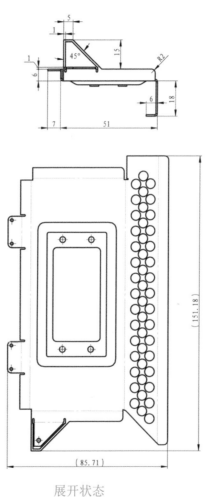

展开状态

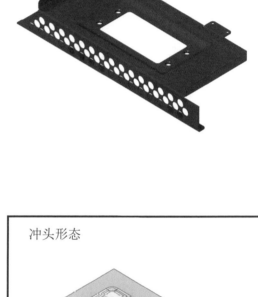

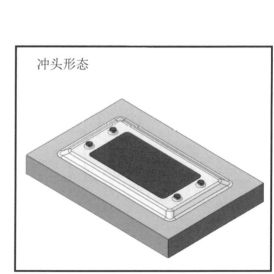

冲头形态

钣金与焊接

钣金厚度=0.5mm
折弯半径=0.5mm

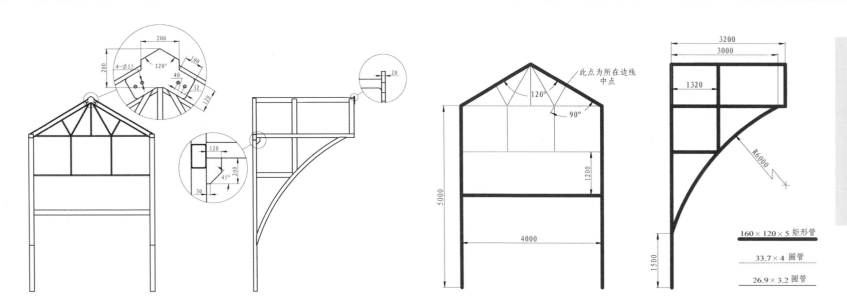

160×120×5 矩形管

33.7×4 圆管

26.9×3.2 圆管

此点为所在边线中点

采用焊接模块，调用焊接结构件生成。

装配套图

装配练习内容：

1. 参照零件工程图创建零件模型。
2. 参照零件装配关系，调用零件并安装成航模发动机。
3. 开启零件库，从中调用轴承、螺母、半月销、螺钉等标准件，并选择合适的参数规格。
4. 生成爆炸图。
5. 设置运动连接关系，设置驱动机构和运动参数，实现运动仿真。
6. 制作装配工程图，标注零件序号，生成材料明细表。

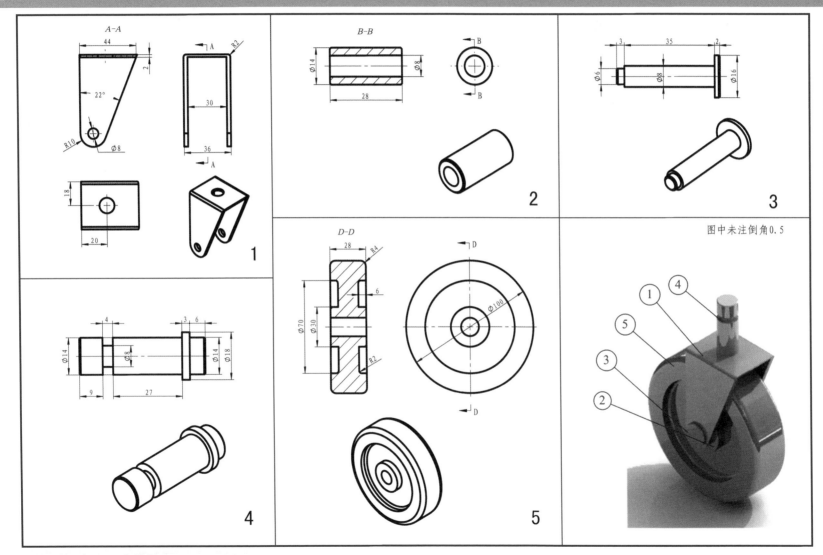

A-A

44

2

22°

R2

R10 Ø8

30

36

18

20

1

B-B

Ø14 Ø8

28

2

3

35 2

Ø6 Ø8 Ø16

4

3 6

Ø14 Ø8 Ø14 Ø18

9 27

D-D

28 R4

6

Ø70 Ø30

R2

D

Ø100

D

5

图中未注倒角0.5

1
4
5
3
2

小轮组

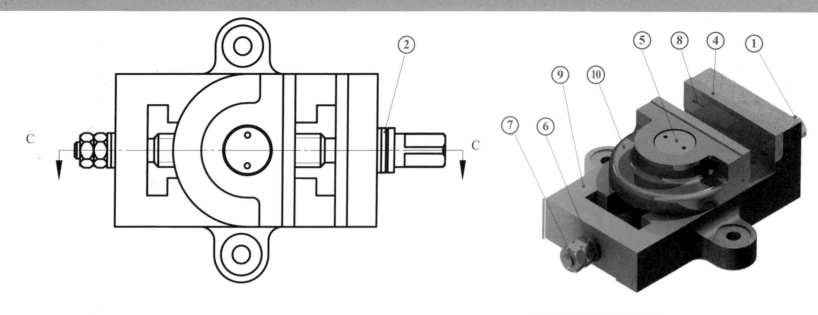

装配套图

C—C

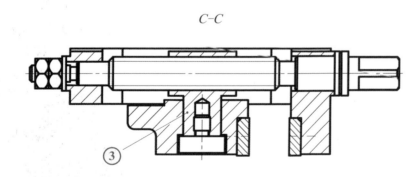

虎钳装配与零件（1）

10	动掌	1
9	虎钳底座	1
8	锥螺丝钉	4
7	螺母	2
6	垫圈1	1
5	圆螺丝钉	1
4	钳口	2
3	滑块	1
2	垫圈	1
1	丝杠	1
序号	名称	数量

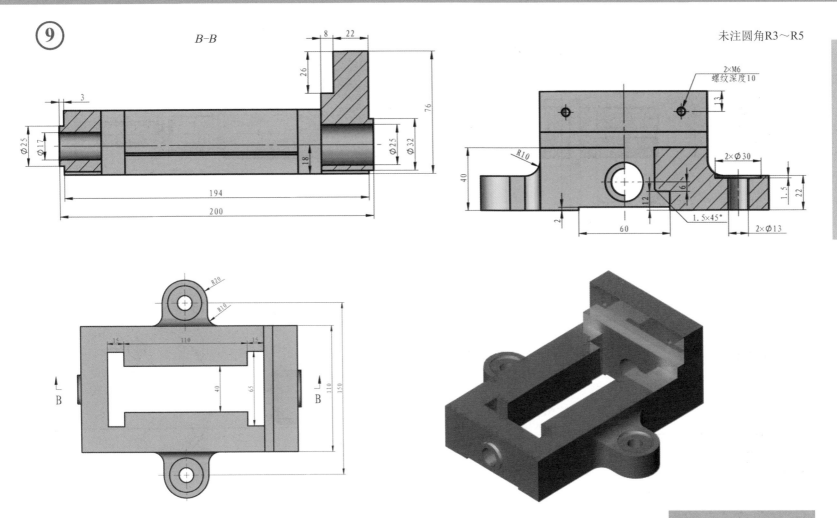

⑨

B–B

未注圆角R3～R5

8　22

26

76

3

⌀25　⌀17

18

⌀25　⌀32

194

200

2×M6
螺纹深度10

3

R10

40

2×⌀30

12　6

1.5

22

2

1.5×45°

2×⌀13

60

R20

R10

15　110　15

40　65

110　150

B　B

虎钳装配与零件（2）

装配套图

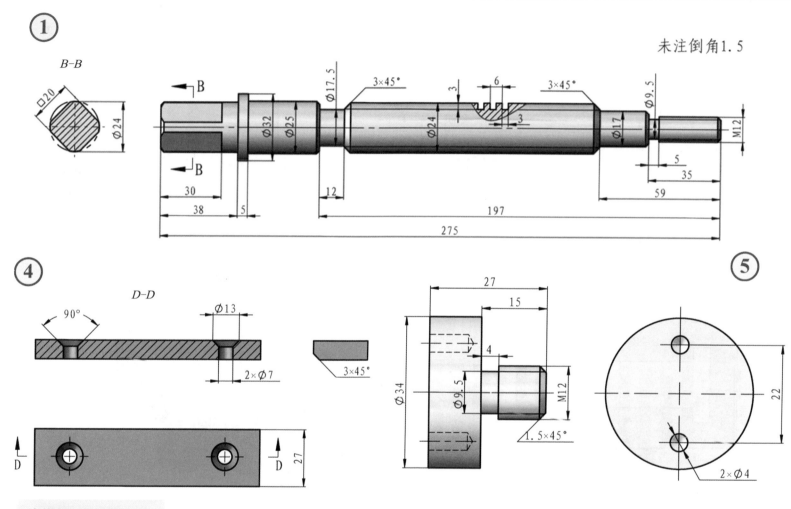

① B–B

未注倒角1.5

装配套图

④ D–D

⑤

虎钳装配与零件（3）

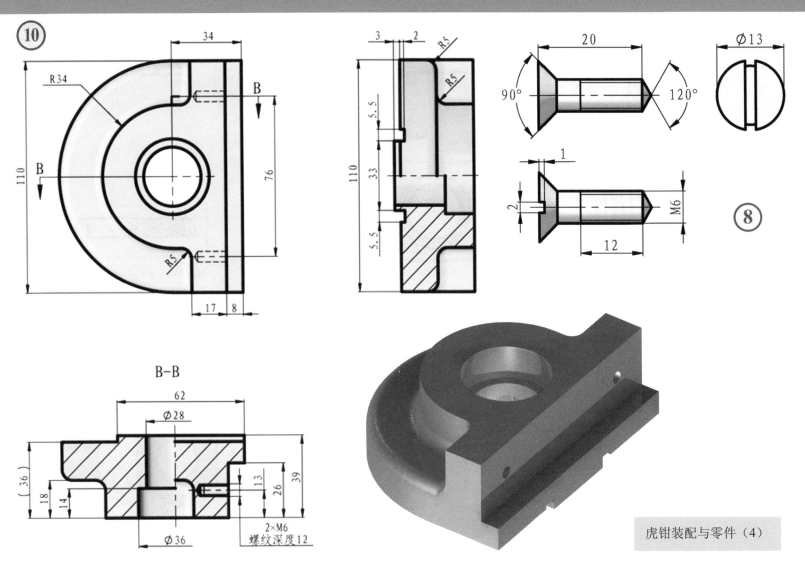

⑩

R34

B

B

110

34

76

17 8

R5

B-B

62

Ø28

(36)

18

14

13

26

39

Ø36

2×M6
螺纹深度12

3 2

R5

R5

110

33

5.5

5.5

20

90°

120°

1

2

12

M6

Ø13

⑧

虎钳装配与零件（4）

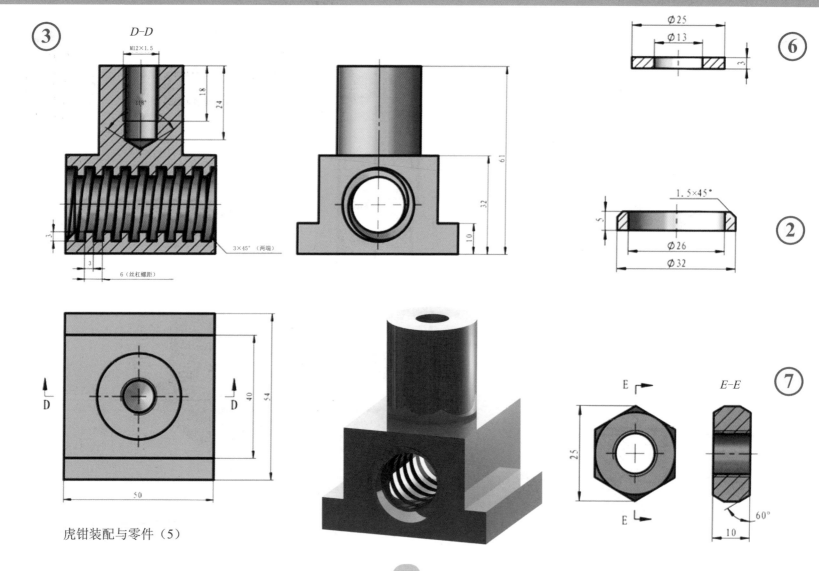

③

D–D

M12×1.5

118°

18

24

3

3

6（丝杠螺距）

3×45°（两端）

61

32

10

40

54

50

D

D

虎钳装配与零件（5）

⑥

Ø25

Ø13

3

②

1.5×45°

5

Ø26

Ø32

⑦

E

E

E–E

25

10

60°

装配套图

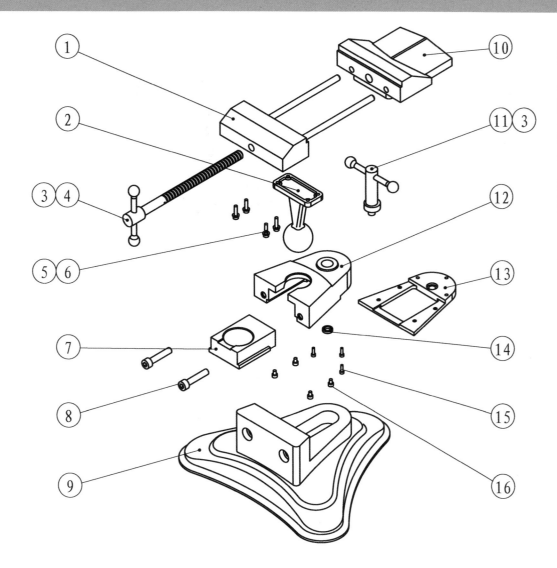

装配套图

16	螺钉 ISO4762 M4×6	4
15	螺钉 ISO4762 M3×10	3
14	轴承 ISO15 RBB-179-0,SI,NC	1
13	轨道衬板	1
12	球座架	1
11	凸轮	1
10	钳体	1
9	底座	1
8	螺钉 ISO4762 M8×40	2
7	球座	1
6	螺钉 ISO4762 M4×16	4
5	螺垫 ISO7089 - 4	4
4	丝杠	1
3	手杆	2
2	球形支撑	1
1	钳头	1
编号	名称	数量

台钳装配（1）

三维CAD习题集

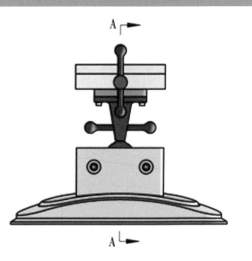

A→

A↓

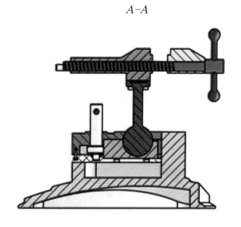

A-A

装配套图

台钳装配（2）

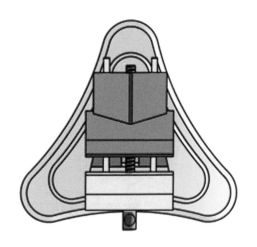

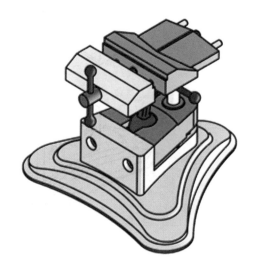

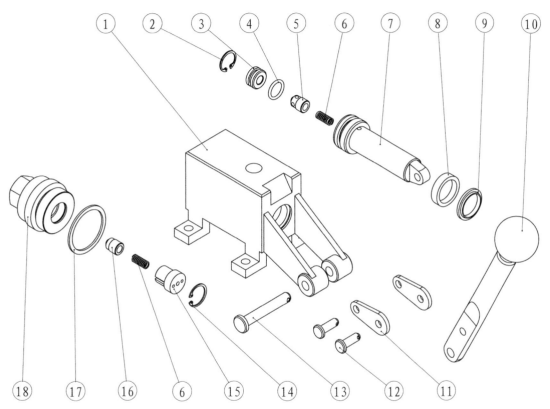

18	阀盖	1
17	垫圈	1
16	锥阀A	1
15	挡块	1
14	卡环 B27.7M-3BM1-23	1
13	销轴 ISO 2341-B 10×65×3.2 St	1
12	销轴 ISO 2341-B 8×24×2 St	2
11	链板	2
10	手柄	1
9	防尘圈	1
8	密封圈	1
7	活塞	1
6	弹簧	2
5	锥阀B	1
4	O型圈16×2 ISO3601-1	1
3	挡圈	1
2	卡环 B27.7M-3BM1-21	1
1	阀座	1
序号	名称	数量

手动阀装配（1）

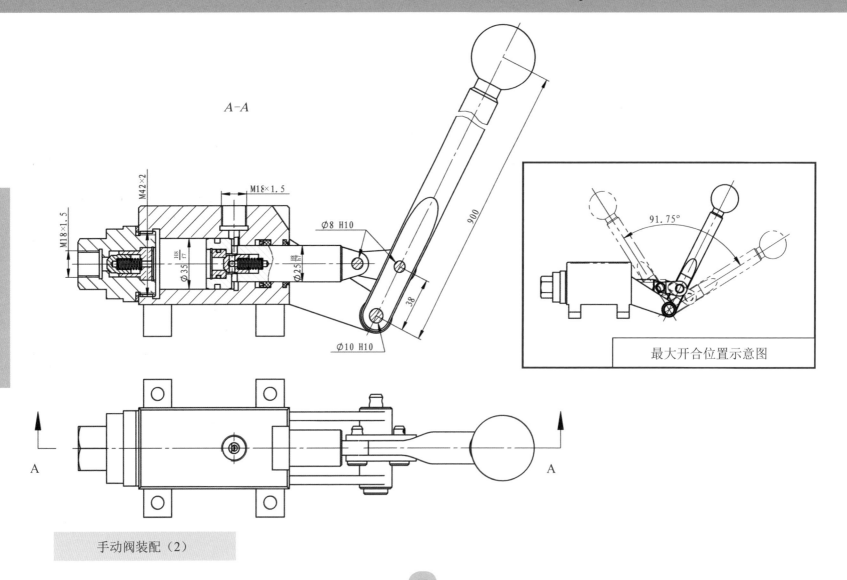

A–A

装配套图

M42×2

M18×1.5

M18×1.5

M18×1.5

Ø8 H10

900

$\frac{H8}{f7}$

Ø35

$\frac{H8}{h7}$

Ø25

38

Ø10 H10

91.75°

最大开合位置示意图

A

A

手动阀装配（2）

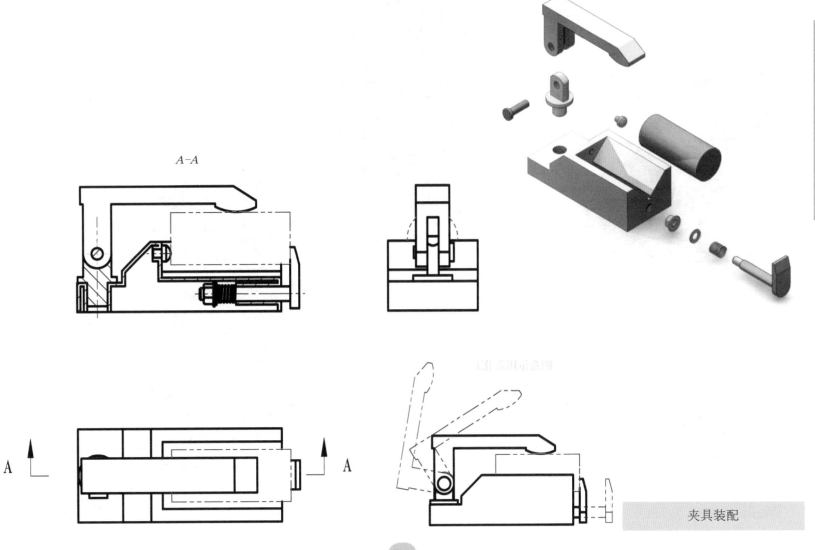

A-A

A

A

夹具装配

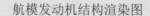

航模发动机结构渲染图

航模发动机装配与零件（1）

装配套图

三维CAD习题集

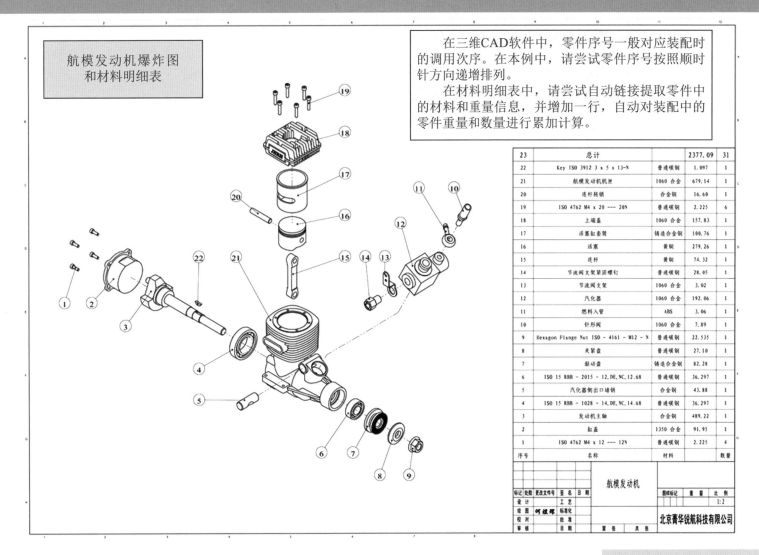

航模发动机爆炸图
和材料明细表

在三维CAD软件中，零件序号一般对应装配时的调用次序。在本例中，请尝试零件序号按照顺时针方向递增排列。

在材料明细表中，请尝试自动链接提取零件中的材料和重量信息，并增加一行，自动对装配中的零件重量和数量进行累加计算。

序号	名称	材料	重量	数量
23	总计		2377.09	31
22	Key ISO 3912 3 x 5 x 13-N	普通碳钢	1.097	1
21	航模发动机机匣	1060 合金	679.14	1
20	连杆转销	合金钢	16.60	1
19	ISO 4762 M4 x 20 --- 20N	普通碳钢	2.225	6
18	上端盖	1060 合金	157.83	1
17	活塞缸套筒	铸造合金钢	100.76	1
16	活塞	黄铜	279.26	1
15	连杆	黄铜	74.32	1
14	节流阀支架紧固螺钉	普通碳钢	28.05	1
13	节流阀支架	1060 合金	3.02	1
12	汽化器	1060 合金	192.06	1
11	燃料入管	ABS	3.06	1
10	针形阀	1060 合金	7.89	1
9	Hexagon Flange Nut ISO - 4161 - M12 - N	普通碳钢	22.535	1
8	夹紧盘	普通碳钢	27.10	1
7	驱动盘	铸造合金钢	82.28	1
6	ISO 15 RBB - 2015 - 12, DE, NC, 12.68	普通碳钢	36.297	1
5	汽化器侧出口销	合金钢	43.88	1
4	ISO 15 RBB - 1028 - 14, DE, NC, 14.68	普通碳钢	36.297	1
3	发动机主轴	合金钢	489.22	1
2	缸盖	1350 合金	91.95	1
1	ISO 4762 M4 x 12 --- 12N	普通碳钢	2.225	4
序号	名称	材料		数量

标记	更改	更改文件号	签 名	日 期		航模发动机					
设 计			工 艺				图幅标记	重 量	比 例	
绘 图	何继辉		标准化						1:2	
校 对			批 准			北京青华锐航科技有限公司				
审 核			日 期				第 张	共 张		

航模发动机装配与零件（2）

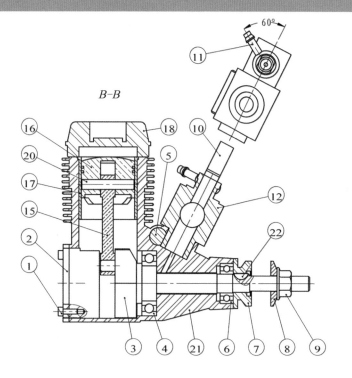

B-B

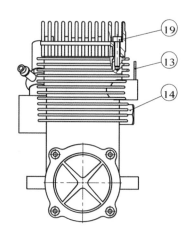

航模发动机装配关系示意图

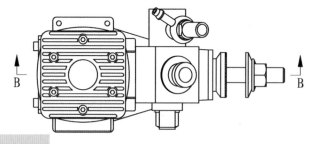

航模发动机装配与零件（3）

装配套图

此图中的零件序号与91页图中标号一致。

在装配图的剖切视图中，螺栓、螺母等紧固件一般不予剖切。

三维CAD习题集

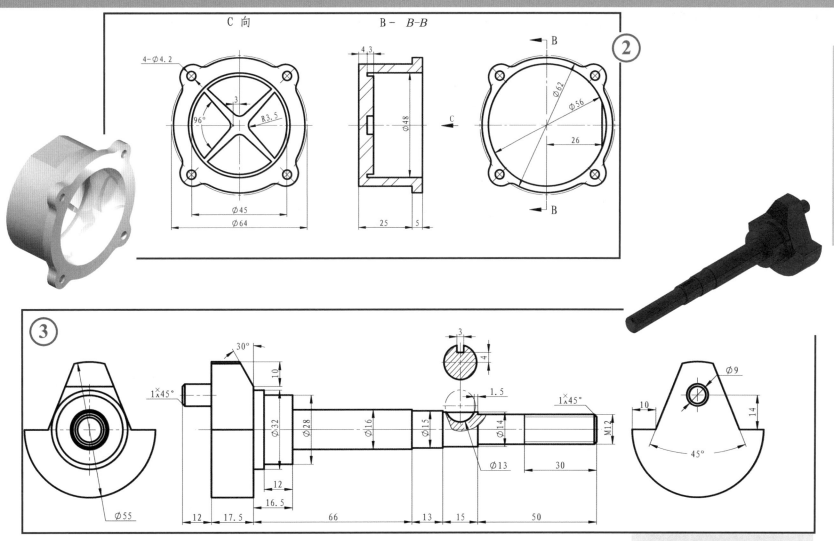

C 向　　　　　　B- B-B

4-∅4.2

3

96°

R3.5

∅45

∅64

4.3

∅48

25　5

C

B

∅62

∅56

26

B

②

③

30°

1×45°

∅32　∅28　∅16　∅15　∅14　M12

10

3

4

1.5

1×45°

∅9

10

14

45°

∅13

∅55

12　17.5　　66　　13　15　　50

12

16.5

航模发动机装配与零件（4）

93

⑤

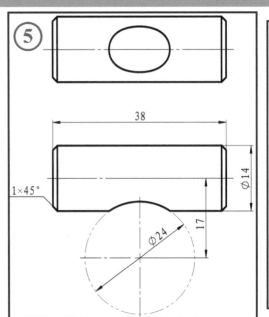

⑦

B–B

凸台环绕均布36个
侧面拔模斜度为10°

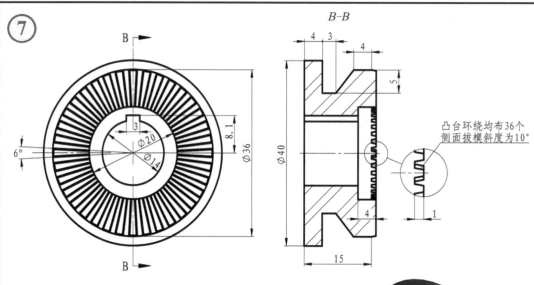

⑧

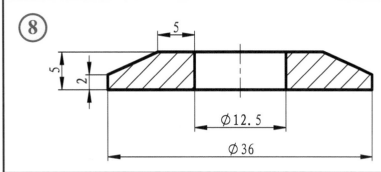

航模发动机装配与零件（5）

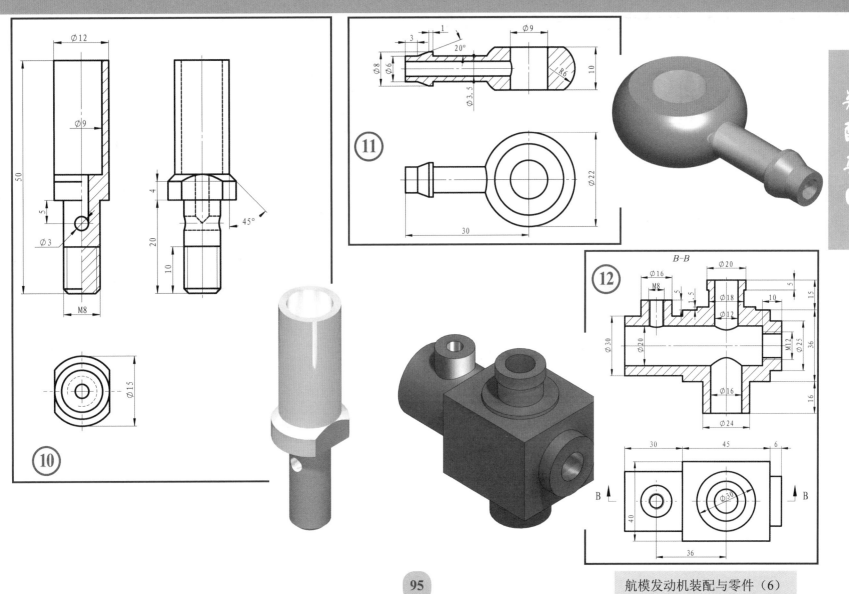

⑩

⑪

⑫

B-B

B

B

航模发动机装配与零件（6）

装配套图

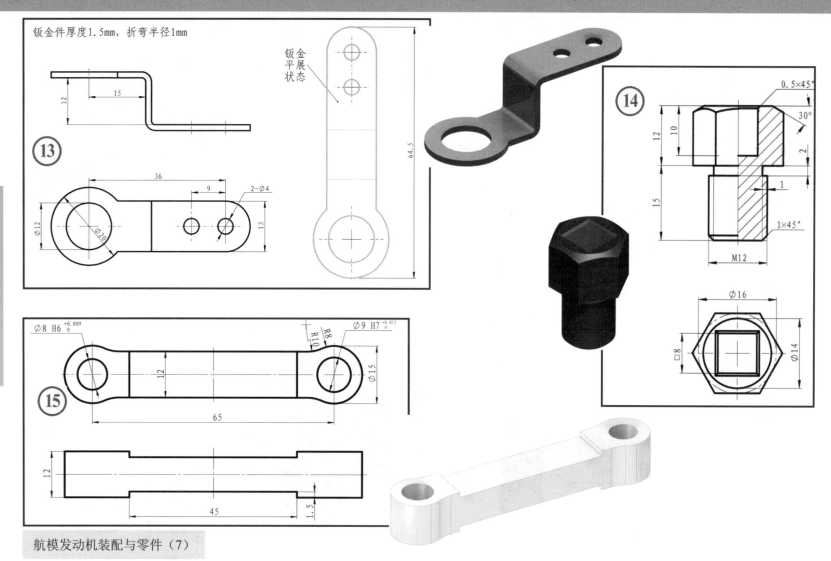

钣金件厚度1.5mm，折弯半径1mm

钣金平展状态

⑬

⑭

0.5×45°
30°
12
10
15
2
1
M12
1×45°

Ø16
□8
Ø14

⑮

Ø8 H6 $^{+0.009}_{0}$
Ø9 H7 $^{+0.015}_{0}$
R10
R8
12
Ø15
65
12
45
1.5

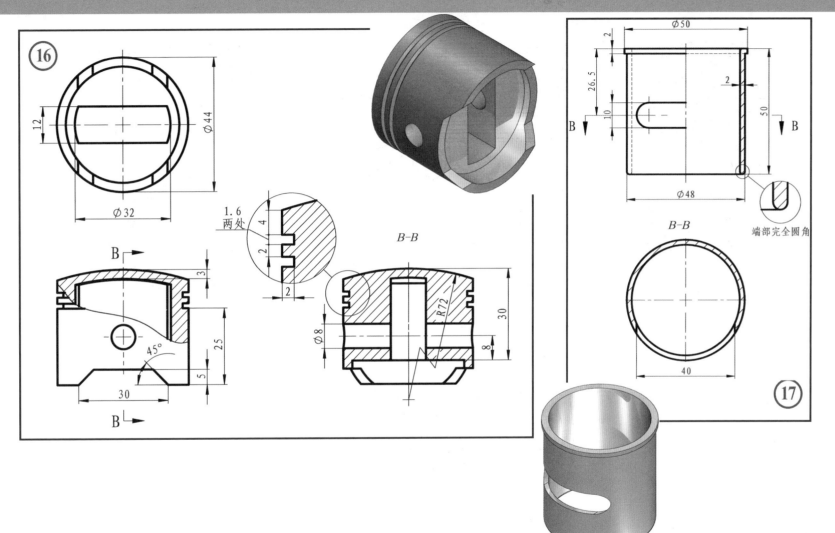

⑯

$\phi 44$

12

$\phi 32$

B

3

45°

25

5

30

B

1.6
两处

4

2

2

B-B

$\phi 8$

R72

30

8

⑰

$\phi 50$

2

26.5

10

2

50

B

B

$\phi 48$

B-B

端部完全圆角

40

航模发动机装配与零件（8）

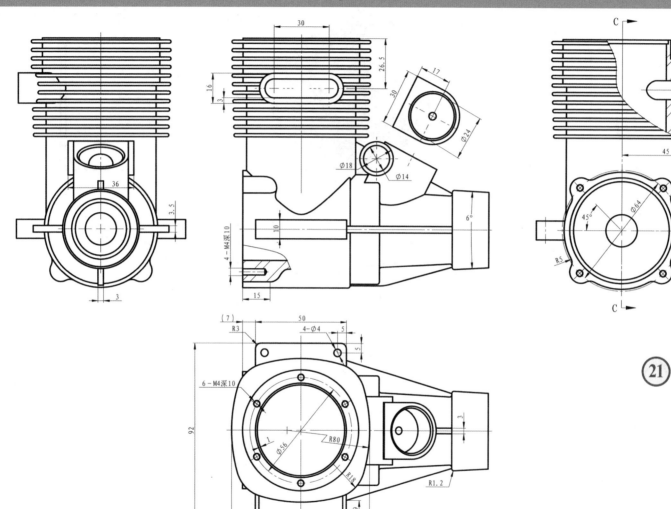

装配套图

㉑

未注圆角R2～R5

航模发动机装配与零件（9）

C–C

（接上页，续图）

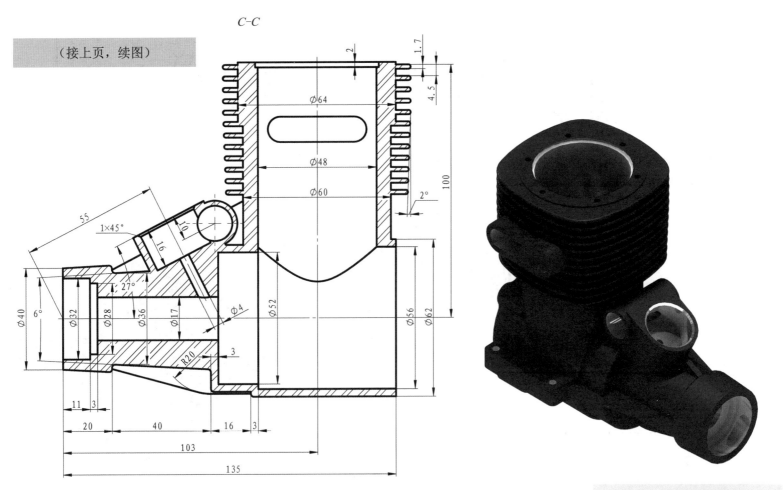

航模发动机装配与零件（10）

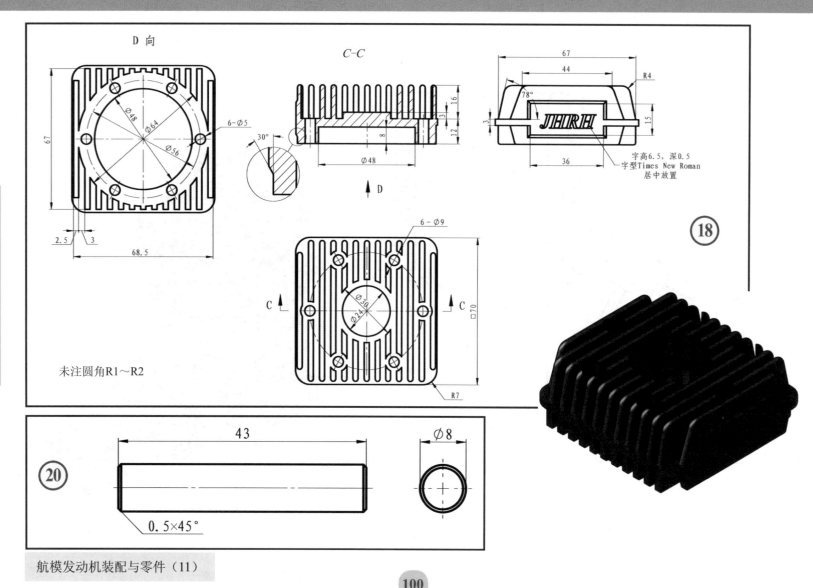

D 向

C-C

67

44

R4

78°

Ø48
Ø64
Ø56

6-Ø5

30°

16

3

8

12

3

15

3

36

JHRH

字高6.5，深0.5
字型Times New Roman
居中放置

67

2.5 3

68.5

Ø48

D

⑱

6-Ø9

C

C

Ø30
Ø24

□70

R7

未注圆角R1～R2

⑳

43

Ø8

0.5×45°

装
配
套
图

CSWA简介

SolidWorks是全球第一款基于Windows平台开发的三维CAD系统，目前在用户数量、客户满意度和操作效率等方面均处于世界领先水平。它的突出优势在于3D模型向二维工程图的转换，因此SolidWorks是替换二维设计的首选三维设计工具之一。

SolidWorks认证助理工程师考试简称CSWA（Certificate SolidWorks Associate），是由美国SolidWorks公司面向学生推出的官方认证，该认证可有效证明学生掌握三维建模技术，参与产品开发的专业能力，其资格全球通用。

CSWA的规格为280mm×215mm。证书样本如上图。

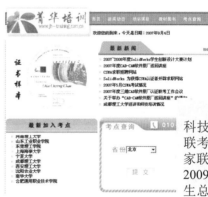

SolidWorks公司为通过CSWA认证考试的学生提供了专门的官方人才资源网：

www.cswahr.com.cn

CSWA可在这个网站上发布和更新简历，从而在三维设计方面获得更多的就业机会。

SolidWorks中国办事处授权北京菁华锐航科技有限公司，在其三维CAD软件原厂认证联考体系下开展CSWA考试。目前全国150多家联考考点中的70余家开展CSWA考试，截至2009年10月，联考体系内参加CSWA考试的学生总数为9000余人，整体通过率达到70%。考生可就近选择考试网点报名参加考试。查询考点信息可登录：

www.jhrhcad.com

考试和认证

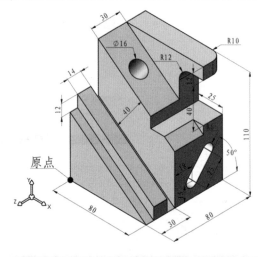

问题一：
设定模型材料为红铜，密度为0.0089g/mm³。
请问本模型质量为：_____（g）

A. 3588　　　　　　　B. 2897
C. 3124　　　　　　　D. 3464

问题二：
如图所示，原点位于模型左下角位置，请问
在这种情况下，模型重心坐标为：

A. x=31.23mm，y=45.77mm，z=-38.97mm
B. x=42.22mm，y=42.88mm，z=-50.12mm
C. x=34.16mm，y=42.42mm，z=-47.52mm
D. x=38.11mm，y=39.15mm，z=-50.17mm

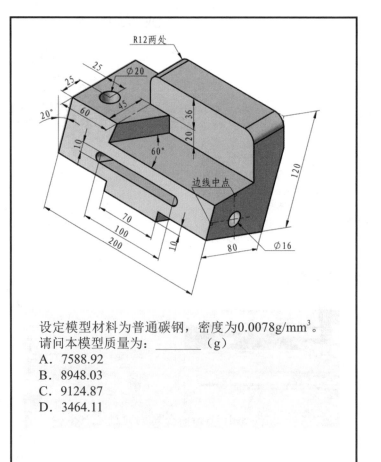

设定模型材料为普通碳钢，密度为0.0078g/mm³。
请问本模型质量为：_____（g）

A. 7588.92
B. 8948.03
C. 9124.87
D. 3464.11

CSWA模拟建模题1

CSWA模拟建模题2

三维CAD习题集

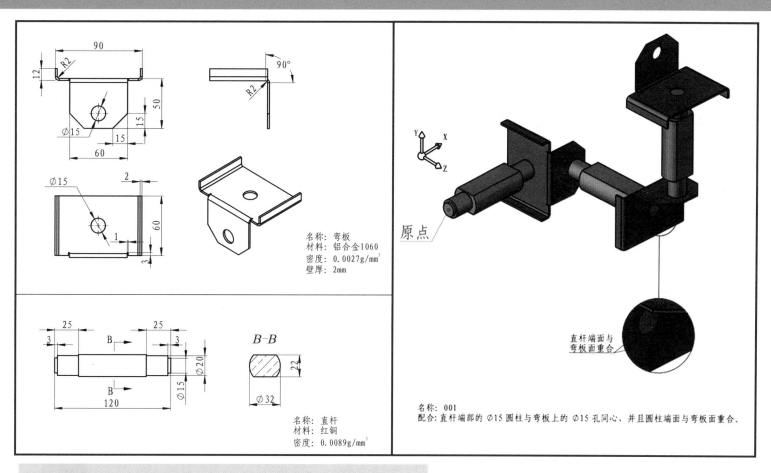

名称：弯板
材料：铝合金1060
密度：0.0027g/mm³
壁厚：2mm

名称：直杆
材料：红铜
密度：0.0089g/mm³

名称：001
配合：直杆端部的 ∅15 圆柱与弯板上的 ∅15 孔同心，并且圆柱端面与弯板面重合.

原点

直杆端面与
弯板面重合

参照上图构建零件模型并装配。按照上图所示设定模型的原点和模型材料，请问：
1. 装配体的质量=_____（g）。
2. 装配体的重心是：x=____mm，y=____mm，z=____mm。

CSWA模拟建模题3

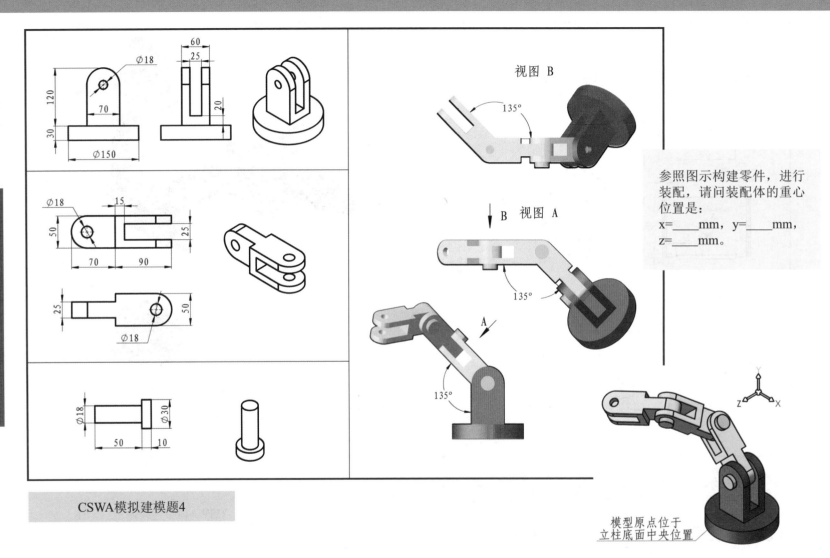

参照图示构建零件，进行装配，请问装配体的重心位置是：

x=____mm，y=____mm，

z=____mm。

视图 B

视图 A

135°

135°

135°

135°

考试和认证

CSWA模拟建模题4

模型原点位于立柱底面中央位置

三维CAD习题集

1. 如下图所示，若选择已有工程视图中的一条边线，然后生成与该边线垂直方向的视图B。请问视图B是哪种类型的工程视图。

A. 投影视图   B. 局部视图
C. 辅助视图   D. 相对于模型视图

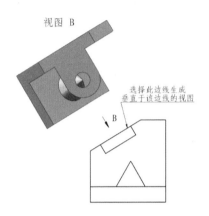

视图 B

选择此边线生成垂直于该边线的视图

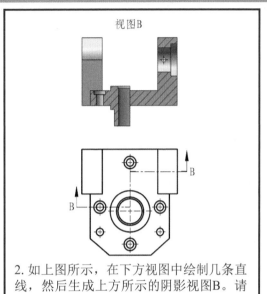

视图B

2. 如上图所示，在下方视图中绘制几条直线，然后生成上方所示的阴影视图B。请问视图B是采用何种视图命令生成的。

A. 投影视图   B. 剖面视图
C. 断开的剖视图   D. 旋转剖视

3. 如下图所示，在下方视图中绘制几条直线，然后生成上方所示的阴影视图C。请问视图C是采用何种视图命令生成的。

A. 投影视图   B. 剖面视图
C. 断开的剖视图   D. 旋转剖视图

视图 C

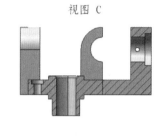

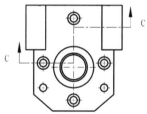

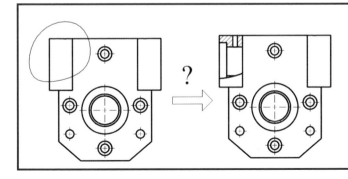

?

4. 如左图所示，在左侧视图中绘制一条封闭的样条曲线，选择该样条曲线，采用何种视图命令生成右侧所示的视图。

A. 投影视图   B. 剖面视图
C. 断开的剖视图   D. 旋转剖视图

CSWA模拟理论题1

三维CAD习题集

考试和认证

5. 用何种命令生成右侧的视图。
A. 剪裁视图　　　　B. 剖面视图
C. 断开的剖视图　　D. 断裂视图

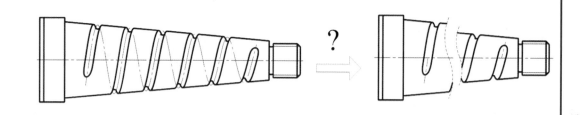

6. 请问左图中的阴影视图采用何种命令生成。
A. 裁剪视图　　　　B. 局部视图
C. 断开的剖视图　　D. 断裂视图

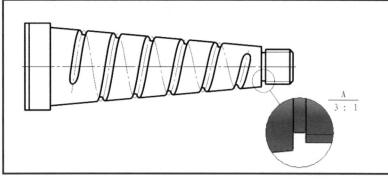

A
3：1

7. 如右图所示，选择左侧视图中的封闭样条曲线，请问采用何种命令产生如右图所示的效果（即保留样条曲线内部的视图）。
A. 剪裁视图　　　　B. 局部视图
C. 断开的剖视图　　D. 断裂视图

CSWA模拟理论题2

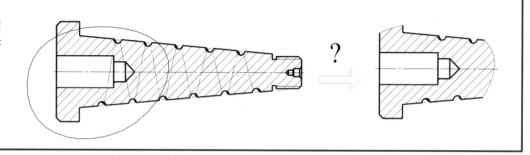

CSWA的考察重点是学生建模的精确性。因此所有草图均应完全定义，当草图中欠缺尺寸时，应仔细分析草图轮廓形态，添加合理的几何约束以完全定义草图，切不可自行加标尺寸。以模拟建模题2为例，若要完全定义下图所示右侧绿色轮廓，欠缺尺寸，但不可自行标定尺寸，而是要仔细分析模型，假想红色线条与可以看到的绿色轮廓中的顶点具有对齐（点与线重合）关系，增加此项约束，可以完全定义草图轮廓。

CSWA模拟题参考答案

建模题部分

CSWA模拟建模题1
问题一：D
问题二：C

CSWA模拟建模题2
B

CSWA模拟建模题3
质量=1742.82g；
重心：x=123.76mm，y=32mm，z=92.76mm。

CSWA模拟建模题4
中心位置为x=-45.06mm，y=109.87mm，z=20.23mm。

理论题部分

1. C
2. B
3. D
4. C
5. D
6. B
7. A

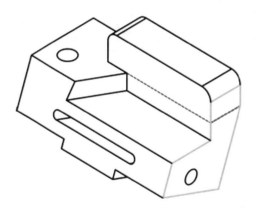

CSWA经常采用考察模型重心和质量的方式来考察学生建模的正确性，因此在入手建模时，一定要按照题图要求保证原点位置和坐标朝向，还应该掌握设定模型材料和密度的方法。另外，部分考题采用英制，在遇到这类题目时，需要在建模前先设定好单位制再建立模型。

CSWA考试相关流程介绍请登录www.jhrhcad.com。

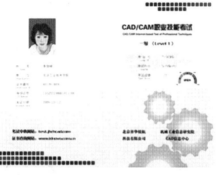

CAD/CAM职业技能考试级别

考试和认证

CAD/CAM职业技能考试是由北京菁华锐航和机械工业信息研究院CAD信息中心联合举办，参照企业级应用制定考试标准，面向院校学生和企业技术人员的考试体系。

CAD/CAM职业技能考试软件科目覆盖AutoCAD、Pro/E、UG NX、SolidWorks等市场上应用较为广泛的CAD软件。近期将逐步开通CATIA、Mastercam、Cimatron等考试科目。

考试级别分为一级、二级、三级等，分别针对技能培训考试、入职水平考核和专家师资认证。2007年12月启动考试，2008年12月开通网络考试系统。截至2009年10月，已有700多所院校50000余人参加考试，共计5000余人获得证书。

2009年，CAD/CAM职业技能考试将在近千所考点陆续开展，考试级别包括一级考试和二级考试。相关考试信息可查询菁华锐航网站：

www.jhrhcad.com

级别	考察范围	考试对象和目标	时间
一级	草图、简单零件、装配、工程图基础	重点面向院校学生，考察其运用软件基础命令的能力	3小时
二级	错误处理、高级特征命令、高级装配、曲面、高级工程图	面向院校学生和企业技术人员，考察其对软件中较为复杂命令的掌握程度	3小时
三级	复杂零件、设计意图控制、自顶向下设计方法、高级曲面、运动仿真	面向企业高级工程师和院校教师，考察其综合运用软件技术解决工程问题的能力	6～8小时
工程	模具、钣金、焊接、布线、管道、加工（任选其一）	面向企业技术人员，考察其运用特定软件模块解决行业工程问题的能力	2～3小时

注：工程类考试可与中高级考试同时组织

三维CAD习题集

CAD/CAM职业技能考试样题（一级）

（科目：Pro/ENGINEER；总分：150分；考试时间：180分钟）

考试须知

1. 考生请持身份证、学生证等有效证件入场，并配合监考教师审核，严禁替考。
2. 考生不得携带课本、笔记、U盘或者移动硬盘入场。
3. 考试过程中严禁交头接耳、复制模型，一经发现将停止考试，取消考试成绩。
4. 请仔细填写考生情况表，尤其是姓名、身份证号和Email要保证正确。

考生信息表

姓名		性别	
手机		QQ	
Email			
身份证号			
以下部分由阅卷教师填写			
选择题得分		组件得分	
草图得分		工程图得分	
零件得分		总分	

阅卷教师签字：＿＿＿＿＿＿＿＿

第一部分　选择题　此部分作答时不允许打开计算机！

（共15题，每题2分，共30分，建议用时15分钟）

1. 在下面的草图轮廓中，只有（　　）能正常实现实体形式的拉伸特征。

A. 封闭轮廓中存在连接线	B. 分离轮廓，之一有嵌套	C. 交叉的封闭轮廓	D. 相连的封闭轮廓

2. 填写下面各个造型对应的特征命令。

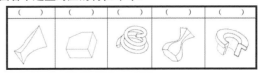

（　）（　）（　）（　）（　）

A. 旋转　B. 螺旋扫描　C. 可变截面扫描　D. 混合　E. 拉伸

3. 填写下图中对应的实现方法。

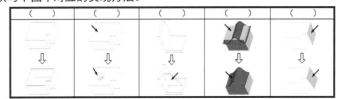

（　）（　）（　）（　）（　）

A. 制孔　　B. 加筋　　C. 拔模　　D. 抽壳　　E. 偏移

4. 在文件操作中，拭除的含义是（　　）。
   - A. 将文件从内存当中删除
   - B. 将此次修改的删除，回到文件刚开启时的状态
   - C. 将文件从硬盘中删除，但保留在回收站中
   - D. 将文件从硬盘中彻底删除

5. 下列文件名中，（　　）是合法的Pro/ENGINEER文件名称。
   A. Gh01xl.sldprt　B. 123GTS.asm　C. 立板01.prt　D. &180.prt

6. 下面针对工作目录的描述，（　　）是正确的。
   - A. 工作目录是针对当前Pro/ENGINEER文件检索和保存的默认文件夹
   - B. 工作目录在安装时进行设定，如果需要变动，必须变更注册表，操作比较繁琐，设置时应仔细规划
   - C. 工作目录是由Windows自动设定的，不是由Pro/ENGINEER进行设定的
   - D. 工作目录只与装配有关，所有与装配相关的零件都需要放在工作目录中

三维CAD习题集

7. 按住（　　）功能键，可在模型上选中多个几何对象（如表面、边线和顶点）。
   A. Alt　　　　B. 空格键　　　　C. Shift　　　　D. Ctrl

8. 在设定拉伸过程中，可按住（　　）键实现捕捉几何对象的功能。
   A. Alt　　　　B. Ctrl　　　　C. Shift　　　　D. S

9. 以下针对旋转工具的描述，（　　）是正确的。
   A. 旋转中心轴必须是草图中的一条中心线
   B. 如果旋转草图中有多条中心线，那么绘制的第一条中心线为旋转特征的回转轴，无法后期调整，因此在绘制时一定要注意次序
   C. 旋转中心轴必须是一条直线，或草图中心线，或模型边线，而且必须位于草图绘制面上
   D. 旋转草图轮廓可以位于中心轴两侧

10. 在右图所示的草图中，各个线条都如其形态所示为水平、竖直、相切或垂直，请问标注红色所示的尺寸28后，会出现（　　）的情况。
    A. 与尺寸R16发生冲突
    B. 不会发生冲突，刚好完全定义草图
    C. 与尺寸40发生冲突
    D. 与尺寸32发生冲突

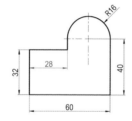

11. 扫描与可变截面扫描的区别在于（　　）。
    A. 扫描的轨迹必须为平面曲线，而可变截面扫描的轨迹为空间曲线
    B. 扫描只能生成实体，而可变截面扫描既可以生成曲面，也可以生成实体
    C. 扫描的轮廓形态受引导线控制发生变化，而可变截面扫描的轮廓形态则受方程式控制发生变化
    D. 可变截面扫描可以设定端点合并，而扫描则不能

12. 关于平行混合的描述，（　　）是错误的。
    A. 平行混合的各个轮廓都是独立绘制的草图，且都必须位于相互平行的基准面上
    B. 平行混合的各个轮廓中必须有相同的节点数
    C. 合并顶点可以减少轮廓节点数
    D. 分断轮廓可以增加轮廓节点数

13. 组件中调用零件时，默认安装方式的意思是（　　）。
    A. 鼠标在图形区当中的点击位置

    B. 待安装零件的默认坐标系与组件默认坐标系对齐
    C. 零件参照在其他组件中的安装方式自动寻找安装位置
    D. 零件参照布局中的设定自动完成安装

14. 右面的图纸采用的是（　　）投影方式。
    A. 第一视角
    B. 第二视角
    C. 第三视角
    D. 第四视角

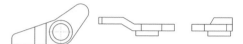

15. 请在下图的蓝色圈中填写对应的工程视图类型。
    A. 一般视图、等轴测图
    B. 辅助视图（斜视图、向视图）
    C. 投影视图
    D. 局部剖视图
    E. 局部视图、详细视图

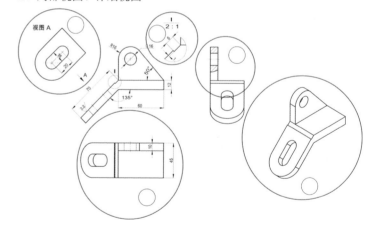

注意：将"第一部分　选择题"试卷上交监考老师后，方可开机完成以下建模部分。

三维CAD习题集

在开始建模操作前，请事先完成如下操作，操作失误将会影响最终成绩的评定！

例如，学生姓名为李军，首先在D盘上建立一个名为lijun（李军的姓名拼音）的文件夹——D:\lijun。建议不要在C盘上建立文件夹，防止异常重启后文件夹被还原。启动Pro/ENGINEER后，选择【文件】→【设置工作目录】选项，将D:\lijun设置为工作目录，然后再开始建模操作。另外，组件（装配）相关模型文件由监考教师复制到该工作目录下，考生在考试过程中调用。考试完成后，由监考老师将该文件夹备份，交由考试组织方评分和存档。

考试和认证

第二部分 草图 （共2题，共30分，建议用时45分钟）

1. 参照下图，在FRONT基准面上绘制草图。注意原点位置。图中所示的中点为红色构造线（中心线）的中点。（15分）

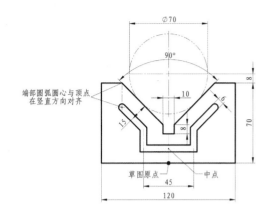

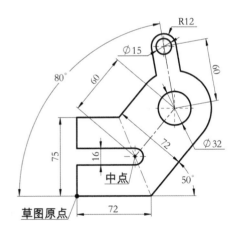

第三部分 零件造型 （共2题，共60分，建议用时90分钟）

1. 参照下图构建三维模型。（20分）

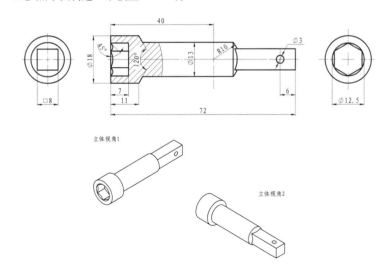

2. 参照下图，在FRONT基准面上绘制草图，注意原点位置以及几何约束方面的说明。（15分）

三维CAD习题集

2. 参照下图构建三维模型。（40分）

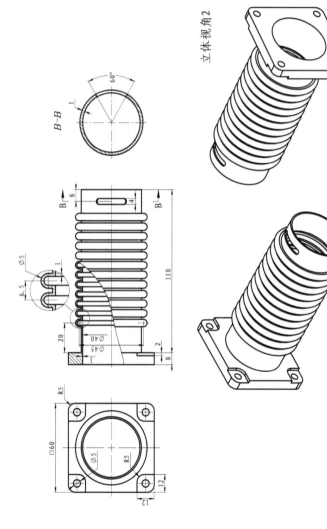

第四部分　组件（装配）　（共2题，共30分，建议用时30分钟）

1. 参照下图，调用零件模型，组装成装配体。（25分）

2. 参照下图生成爆炸图。（5分）

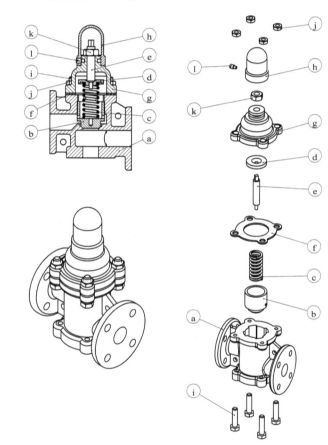

三维CAD习题集

CAD/CAM职业技能考试样题（一级）

（科目：AutoCAD； 总分：150分； 考试时间：180分钟）

考试须知

1. 考生请持身份证、学生证等有效证件入场，并配合监考教师审核，严禁替考。
2. 考生不得携带课本、笔记、U盘或者移动硬盘入场。
3. 考试过程中严禁交头接耳、复制模型，一经发现将停止考试，取消考试成绩。
4. 请仔细填写考生情况表，尤其是姓名、身份证号和Email要保证正确。

考生信息表

姓名		性别	
手机		QQ	
Email			
身份证号			
以下部分由阅卷教师填写			
判断题得分		简单绘图题得分	
选择题得分		复杂绘图题得分	
简单绘制题得分		综合题得分	
复杂绘制题得分		总分	

阅卷教师签字：＿＿＿＿＿＿＿＿

第一部分　判断题　此部分作答时不允许打开计算机！

（共5题，每题1分，共5分）

1. 在AutoCAD中在没有任何标注的情况下，也可以用基线和连续标注（　　　）。
   A．正确　　　　　　　　　B．错误

2. 在AutoCAD中用尺寸标注命令所形成的尺寸文本、尺寸线和尺寸界线类似于块，可以用EXPLODE命令来分解（　　　）。
   A．正确　　　　　　　　　B．错误

3. 在AutoCAD中没有封闭的图形也可以直接填充（　　　）。
   A．正确　　　　　　　　　B．错误

4. 在AutoCAD中多线不能使用修剪命令进行编辑（　　　）。
   A．正确　　　　　　　　　B．错误

5. 在AutoCAD中当正交命令为打开时，只能画水平和垂直线，不能画斜线（　　　）。
   A．正确　　　　　　　　　B．错误

第二部分　选择题　此部分作答时不允许打开计算机！

（共10题，每题1分，共10分）

1. 在AutoCAD的文字工具中输入下划线的命令是（　　　）。
   A．%%P　　　B．%%U　　　C．%%O　　　D．%%C

2. 要将一个斜线标出其实际长度可以使用（　　　）。
   A．线性标注　B．对齐标注　C．半径标注　D．直径标注

3. 标注形位公差的方法是（　　　）。
   A．在样式中设置好公差　　　B．标注好尺寸然后修改，设置公差
   C．将尺寸分解后再添加公差　D．通过"标注＞公差"

4. 下列哪个命令可以方便地查询指定两点之间的直线距离以及该直线与X轴的夹角（　　　）。
   A．点坐标　　B．距离　　　C．面积　　　D．面域

5. 若要对已绘制不知确切长度的线段进行等分操作应选用（　　　）命令。
   A．绘图[Draw] →[Single Point]
   B．绘图[Draw] →[Multiple Point]
   C．绘图[Draw] →定数等分[Divide]
   D．绘图[Draw] →[Measure]

6. 刚刚绘制了一圆弧，然后点击直线，直接按回车键或单击鼠标右键，结果是（　　　）。
   A．以圆弧端点为起点绘制直线，且过圆心
   B．以直线端点为起点绘制直线

三维CAD习题集

C．以圆弧端点为起点绘制直线，且与圆弧相切

D．以圆心为起点绘制直线

7. 比例缩放（Scale）命令和视图缩放（Zoom）的区别是（　　）。

　A．比例缩放更改图形对象的大小，视图缩放只对其显示大小更改，不改变真实大小

　B．视图缩放可以更改图形对象的大小

　C．线宽会随比例缩放而更改

　D．两者本质上没有区别

8. 对两条平行的直线倒圆角（Fillet），其结果是（　　）。

　A．不能倒圆角　　　　　B．按设定的圆角半径倒圆

　C．死机　　　　　　　　D．倒出半圆，其直径等于线间距离

9. 如果起点为（5，5），要画出与X轴正方向成30°夹角，长度为50的线段应输入（　　）。

　A．50，30　　　B．@30，50　　　C．@50<30　　　D．30，50

10. 在AutoCAD中用LINE命令画出一个没有重叠线段的矩形，该矩形中有几个图元（　　）。

　A．1个　　　　　B．4个　　　　　C．不一定　　　　D．5个

第三部分　简单绘制题　此部分用计算机作答！

（共1题，共14分）

参照下图绘制图形，其中黄色部分为等边三角形，B点为右侧绿色边线的中点，请问A点和B点之间的距离是多少？（输入答案时请精确到小数点后三位）图中X=30，Y=20。
请问轮廓中点A和点B之间的距离是多少？

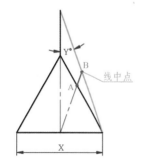

第四部分　复杂绘制题　此部分用计算机作答！

（共1题，分3小题，第一小题7分，第二小题7分，第三小题7分，共21分）

1. 参照下图绘制图形轮廓，注意其中的相切、垂直、水平、竖直等几何关系，其中A=60，B=20。

请问（输入答案时请精确到小数点后3位）：
（1）圆弧x的半径是多少？
（2）直线y的长度是多少？
（3）直线z的长度是多少？

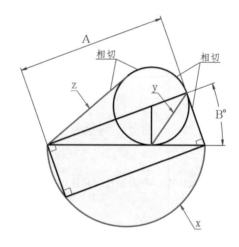

114

三维CAD习题集

第五部分　简单绘图题　此部分用计算机作答！

（共2题，第一题17分，第二题12分，共29分）

1. 参照下图绘制零件轮廓，注意其中的对称、相切等几何关系，其中
A=90，B=50，C=78，D=24。

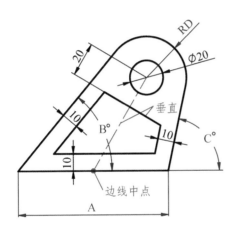

请问轮廓包围的绿色区域面积是_____mm²。
提示：测量图像面积方法有如下两种：
（1）将所画的区域制作成面域，然后点工具→查询→面域/质量特性。
（2）将所画的区域填充剖面线，然后点工具→查询→面积。

2. 请将A变更为101，B变更为50，C变更为80，各线条的几何关系保持不变。
请问更改后的图形黄色区域面积是_____mm²。

第六部分　复杂绘图题　此部分用计算机作答！

（共1题，共26分）

请参照下图绘制图形，注意其中的相切、水平、竖直等几何关系，请问
图中绿色区域的面积是多少？（输入答案时请精确到小数点后两位）图
中A=189，B=145，C=29，D=96。

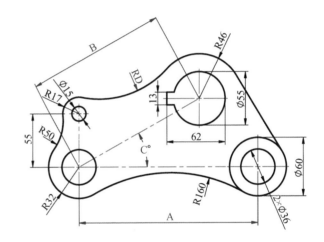

第七部分　综合题　此部分用计算机作答！

（共1题，共45分）

请参照下图绘制工程图。其中A=160，B=16，C=80，D=90。

三维CAD习题集

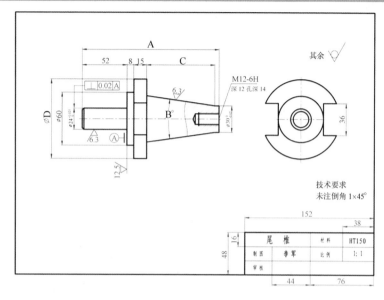

技术要求
未注倒角 1×45°

尾 椎	材料	HT150
制图	李军	比例	1:1
审核			

（1）图层设置：参照下图设置6个图层，分别为粗实线、细实线、虚线、点划线、剖面线和标注，其颜色和线宽参照图中设置。

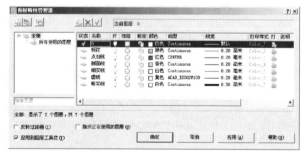

（2）图框和标题栏：图框为标准A3横向（尺寸为420×297），标题栏部分参照图中紫色尺寸绘制（紫色尺寸为参考尺寸，不必标出）。请考生将标题栏中的"李军"改为自己的姓名。姓名仍为"李军"的，扣除5分。姓名为其他考生的，视为舞弊，按0分处理！

（3）视图线条：参照图片绘制工程视图，注意视图线条之间的对齐关系。注意线条符合题图中的A、B、C、D（单纯更改尺寸文字，而线条长度完全不符合的，视为作弊，按0分处理）。绘制剖线、剖面线和中心线。

（4）尺寸工程符号和技术说明：参照图片，标注A、B、C、D以及其他尺寸（尺寸A、B、C、D完全不符的，视为作弊，按0分处理）。标注粗糙度、基准符号和形位公差。标注技术说明。

参考答案：
一、判断题
1. B
2. A
3. B
4. B
5. B

二、选择题
1. B
3. D
5. C
7. A
9. C

2. B
4. B
6. C
8. D
10. B

三、简单绘制题
971

四、复杂绘制题
（1）31.925
（2）25.052
（3）42.012

五、简单绘图题
1. 3201.65
2. 3638.95

六、复杂绘图题
17446.37

《月球车》闫峰侨（长春理工大学）

《月球车》阎成龙（沈阳农业大学）

《空气压缩机》王建国（沈阳农业大学）

《RV12真空泵》曹答（沈阳工业大学）

《宝马车》李明（沈阳农业大学）

《自行车》江君（南华大学）

《汽车》贾艳云（运城学院）

《小型挖掘机》吴鹏飞（运城学院）

《月球车》张雷（黑龙江农业经济职业学院）

《概念自行车》王晨晖（金华高级技工学校）

《手枪》李达元（黑龙江八一农垦大学）

《四驱车》王斐（运城学院）

竞赛与作品

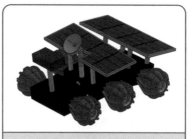

《月球车》郭少波（中北大学）

《模拟发动机》李明（沈阳农业大学）

《液压拖板车》姜林（长江师范学院）

《坦克》李高进（中国科学技术大学）

《神舟六号》曹答（沈阳工业大学）

《无油螺杆真空泵》刘笑天（沈阳工业大学）

《水椿坊》杜经纶、逯雨海（南华大学）

《热媒式蒸发器》曹答（沈阳工业大学）

《仿生扑翼》宋寅韬（中国科学技术大学）

《NOKIA手机》贾艳云（运城学院）

《尼米兹号航空母舰》王建国（沈阳农业大学）

《遥控车模》李宗励（沈阳农业大学）

竞赛与作品

《节水洗漱盆》周良（金华市技师学院）

《数码音响》古鸿斌（广东工业大学华立学院）

《概念跑车》黄敬（内江职业技术学院）

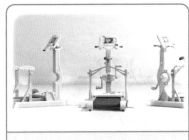

《健身器》黄志建（广东工业大学华立学院）

《农田松土机》王宠（重庆工贸职业技术学院）

《摩托车》方迅（金华市技师学院）

《矿用调度绞车》孟超等（焦作大学）

《甲壳虫》黄志建（广东工业大学华立学院）

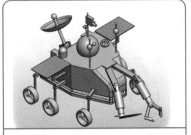

《月球车》宋超（沈阳农业大学）

《摩托车》陈野、苏超（沈阳农业大学）

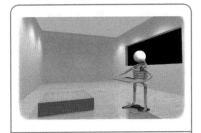

《多功能灯》孙约瑟（福建信息职业技术学院）

《山地自行车》张军（安徽农业大学）

《改装车》李阳（北华航天工业学院）

《冲床》古鸿斌等（广东工业大学华立学院）

《减速器》王福雨（兰州理工大学）

《坦克》赖武毅（福建信息职业技术学院）

《赛车模型》余淼（安徽理工大学）

《摩托车》周良（金华市技师学院）

《机器人》黄志建（广东工业大学华立学院）

《多功能犁》何家闯（沈阳农业大学）

《月球车》魏镇源（广东工业大学华立学院）

《直升机》黄敬（内江职业技术学院）

《数控机床》刘成龙等（青岛理工大学琴岛学院）

《摩托车》郭晓律等（华南理工大学广州汽车学院）

李观华，现于深圳从事玩具设计和开发工作，具有多年的产品设计经验，擅长运用SolidWorks进行曲面建模和渲染。以下展示的是他近年来的数字模型佳作。

联系方式：
博客：guansheng3160.blog.163.com
QQ：223804275

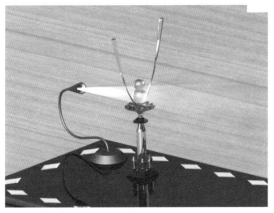

李观华作品精选1

竞赛与作品

李观华作品精选2

李观华作品精选3